测控总线及通信技术

主　编　庄秋慧
副主编　肖　鑫
参　编　程　瑶

重庆大学出版社

内容提要

当今时代，控制、计算机、通信、指挥及信息技术（简称 C4I）共同推动着过程控制系统与自动测试系统的飞速发展，测控总线与通信技术使测控系统的部件和构成由分立元器件发展到集成器件。本书围绕测控系统与通信技术，以数据通信和工业控制计算机网络基础为出发点，介绍了测控总线与通信技术的一般原理和方法，现场总线 CAN 的技术特点、基本原理、CAN 节点的设计方法，以及 UART 串行通信总线、MODBUS 通信协议等。

本书可作为高等院校测控技术与仪器、自动化、机电、仪器仪表、自动控制等专业的教材或教学参考书，也可作为仪器类与机械类研究生的教材或教学参考书，还可供从事工业控制网络系统设计和产品研发的工程技术人员以及广大电子制作爱好者参考。

图书在版编目(CIP)数据

测控总线及通信技术/庄秋慧主编. --重庆：重庆大学出版社，2022.10（2024.1 重印）

ISBN 978-7-5689-3387-2

Ⅰ.①测…　Ⅱ.①庄…　Ⅲ.①总线—控制系统 ②智能仪器—通信技术　Ⅳ.①TP336 TP216

中国版本图书馆 CIP 数据核字（2022）第 236823 号

测控总线及通信技术
CEKONG ZONGXIAN JI TONGXIN JISHU

主　编　庄秋慧
副主编　肖　鑫
参　编　程　瑶
策划编辑：鲁　黎
责任编辑：李定群　版式设计：鲁　黎
责任校对：刘志刚　责任印制：张　策

*

重庆大学出版社出版发行
出版人：陈晓阳
社址：重庆市沙坪坝区大学城西路 21 号
邮编：401331
电话：(023) 88617190　88617185（中小学）
传真：(023) 88617186　88617166
网址：http://www.cqup.com.cn
邮箱：fxk@cqup.com.cn（营销中心）
全国新华书店经销
POD：重庆新生代彩印技术有限公司

*

开本：787mm×1092mm　1/16　印张：9.75　字数：246 千
2022 年 10 月第 1 版　2024 年 1 月第 2 次印刷
ISBN 978-7-5689-3387-2　定价：48.00 元

前言

信息技术高速发展的今天，自动化技术、自动测试技术已经与计算机技术、通信技术高度地融为一体，传统的自动化系统与自动测试系统的体系结构和实现方法发生了根本性变化。自动测试系统由单点测试计量系统发展到了以总线技术为基础的多点测试计量的虚拟仪器系统以及总线技术与网络技术为基础的网络化虚拟仪器系统。

本书围绕测控系统与通信技术，以数据通信和工业控制计算机网络基础为出发点，介绍了测控总线与通信技术的一般原理和方法，包括 CAN 现场总线的技术特点、基本原理、CAN 节点的设计方法及无线通信技术等。本书内容简洁，可安排 32～48 学时（包括实验）。

在本书的编写过程中，充分考虑了测控技术与仪器专业的特点，试图将先进的测控总线及通信技术介绍给学生。本书适合测控技术与仪器、自动化、机电一体化等专业的本科生教学。使用本书，需要有单片机、嵌入式和计算机网络的基础。

本书共 8 章，主要内容如下：

第 1 章概论，介绍了测控系统的概念、工业控制系统、现场总线系统的定义及应用、测控总线通信的基本内容以及学习本门课程需要具备哪些基础等。

第 2 章数据通信基础知识，介绍了数据通信的基本概念和技术指标等。

第 3 章工业控制计算机网络基础知识，阐述了工业控制网络的发展、特点和分类，介绍了现场总线的技术特点，计算机网络的概念、拓扑结构、分类以及 ISO/OSI 参考模型。

第 4 章 UART 串行通信总线，主要介绍了通用异步收发器（UART）的工作原理及性能特点等。

第 5 章 MODBUS 通信协议，主要介绍了 MODBUS 协议的内容、RTU 模式、ASCII 模式及 TCP 模式等。

第 6 章现场总线 CAN 原理及应用技术，除了介绍 CAN 总线的性能特点和先进性外，还介绍学习 CAN 总线的知识准备。

第 7 章 CAN 总线控制器和驱动器介绍，主要介绍了 CAN 协议控制器 SJA1000 的特点和功能、CAN 收发器 PCA82C250/82C251 的主要特征和功能等。

第 8 章 CAN 总线智能节点的设计及 CAN 总线的应用，主要介绍了 CAN 总线系统智能节点设计及 CAN 总线技术在多个领域的应用。

本书由重庆理工大学庄秋慧任主编，肖鑫任副主编，程瑶参编。其中，第 1,2,3,6,7 章由庄秋慧编写，第 4,5 章由肖鑫编写，第 8 章由程瑶编写。在编写过程中，得到很多老师和同行的帮助和支持，在此向他们表示由衷的感谢。

本书的编写吸收了作者在教学、科研中的诸多心得，同时参考了相关的教材、专著、论文和研究成果等，在此向相关作者表示由衷的感谢。

本书在编写过程中，疏漏和不足难免，恳请广大读者提出宝贵意见，给予帮助，便于后续修订、完善。

编　者

2022 年 4 月

目录

第1章 概论

进入现代工业社会以来，人们迫切需要了解客观对象的变化情况，并根据得到的信息采取措施，使得各种自然和人工系统的变化尽可能在人们的掌控之中。这个活动有两个基本的过程：一个是对系统状态的了解，称为检测过程；另一个是对系统状态的改造，称为控制过程。用于检测过程的人工系统，称为检测系统；用于控制过程的人工系统，称为控制系统。检测的目的是更好地控制，控制的结果需要检测来检验，这是一个反馈过程。这两类系统统称测控系统。

本书所指的测控系统与仪器，主要是指应用于工业、国防、环境、医学等领域的各种过程控制系统、仪器仪表、自动检测系统等。

1.1 工业控制系统的发展

1.1.1 工业控制系统

自工业化大生产以来，为了提高生产效率，生产设备的控制操作逐步由人工手动控制发展为机器自动控制。随着认识的深入、综合科技水平的提高，工业控制也从简单到复杂、从单一设备的控制发展到控制系统。

控制系统大致经历了基地式仪表控制系统、集中式数字控制系统、集散控制系统、现场总线控制系统等主要阶段。每个阶段的控制系统在结构上都有明显的改进，都有一种标志性的设备。

1）基地式仪表控制系统

20世纪40年代，测控仪表和继电器进入工业生产领域。严格地说，这种控制方式还不能称为“系统”。它的规模很小，结构简单，或者所实现的功能很简单。基地式仪表主要对单台设备实现较为简单的控制，继电器控制电路主要完成顺序控制。它们是现今控制系统的前身，限于当时的技术条件，这种装置的控制精度和可靠性都不高。现在，这种“控制系统”已经难觅踪影。

2）集中式数字控制系统

随着计算机的出现和发展，特别是早期对计算机神奇能力的超高预期，使人们自然想把它用于工业控制中。但那时的计算机价格昂贵，性能也难以适应工业生产环境。直到20世纪70年代，随着集成电路技术的发展，研制出了微处理器和单片机。单片机侧重管理、控制功能的发展；微处理器主要发展数据处理能力。

单片机在工业控制、仪器仪表、军工、家电等领域得到了广泛应用，至今不衰。但是，以单片机的运算能力和速度，难以实现复杂的控制算法，不能组成大规模的控制系统；作为主要的控制器，它越来越不能满足实际的需要。与此同时，微处理器也在快速发展，性价比不断提高，引入工业控制系统的时机成熟了。以微处理器为核心的微型计算机经过特殊的抗干扰设计，以一种特殊的形式——工控机出现在工业控制系统中。

无论是单片机，还是工控机，它们在控制系统中都是处于核心地位，系统所有的功能都由它来完成，如数据采集、数据处理、计算决策及控制输出等。典型的集中式控制系统的结构如图1.1所示。

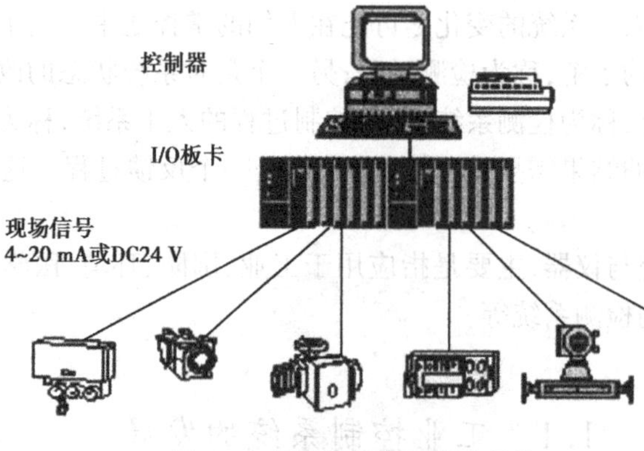

图1.1　集中式控制系统的结构

集中式控制系统能实现复杂的控制算法，也能达到很高的控制精度。但是，它有两个主要的缺点无法克服：一是核心处理装置的负担太重，当系统规模扩大时，实时性不能保证，故系统规模不能很大；二是系统功能集中，危险也集中，相当脆弱。

3）集散控制系统

随着计算机技术、信号处理技术、测量技术、通信网络技术以及人机接口技术的发展，微处理器及网络器件价格大幅下降，出现了所谓的DCS（Distributed Control System），又名分布式计算机控制系统。分布或分散是相对于集中控制系统而言的，DCS在系统结构上采用分级设计的思想，实现功能上分离、位置上分散，达到“分散控制，集中管理”的目的，对生产过程进行集中监测、操作、管理和分散控制。它既不同于分散的仪表控制，又不同于集中式计算机控制系统，具备通用性、系统组态灵活、控制功能完备、显示操作集中、人机界面友好、运行安全可靠的显著特点，对提高生产过程的自动化水平、提高产品质量、提高劳动生产率具有重要意义。集中管理、分散控制，即管理与控制相分离，上位机用于集中监视管理，若干台下位机下放分散到现场实现相互之间的信息传递。

集散控制系统的结构模式为：操作站—控制站—现场仪表。典型的集散控制系统的结构如图1.2所示。

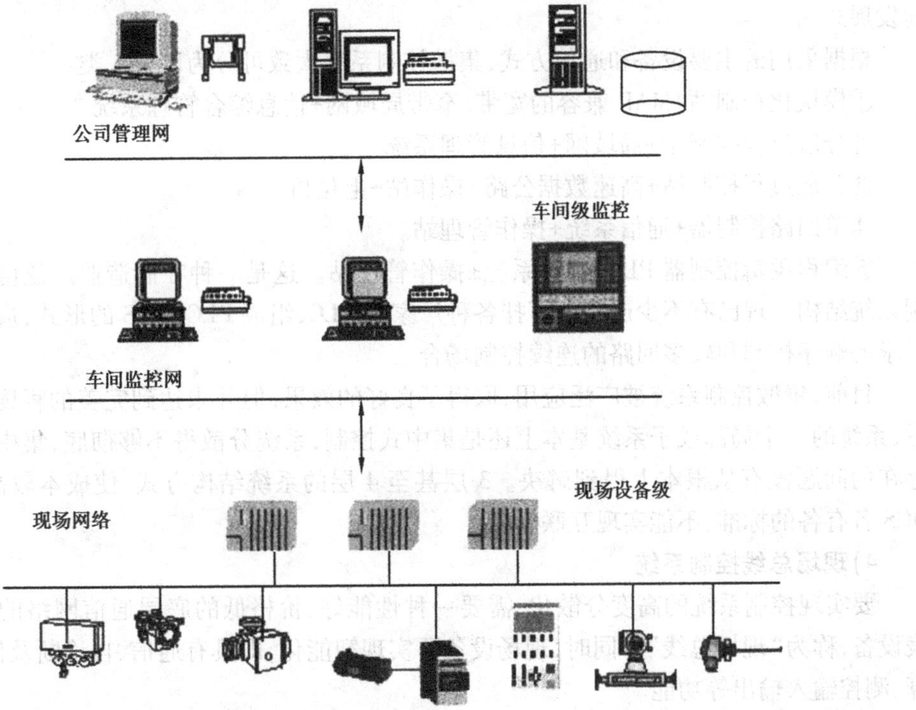

图1.2 集散控制系统的结构

DCS系统大体可分为以下3个发展阶段:

(1)第一阶段:1975—1980年

这个阶段采用以微处理器为基础的过程控制单元(Process Control Unit),实现了分散控制,各种控制单元具有多种控制算法,通过组态(Configuration)独立完成回路控制;系统具有自诊断功能;在信号处理时,采用一定的抗干扰措施。操作站与过程控制单元的分离,采用冗余通信技术,将过程控制单元的信息送到操作站和上位计算机,从而实现了分散控制和集中管理。这一阶段分散控制系统在控制过程中成功地确立了地位。这一时期典型的产品有HONEYWELL公司的TDC2000,FOXBORO公司的SPECTROM,西门子公司的TELEPERM M,以及肯特公司的P-4000等。

(2)第二阶段:1980—1985年

这个阶段的主要技术重点表现为产品的换代周期越来越短。在过程控制单元增加了批量控制功能和顺序控制功能;在操作站及过程控制单元采用16位的微处理器,使系统性能增强;工厂级数据向过程级分散;提供更强的图画显示,报表生成和管理能力;强化系统功能,通过软件可组态规模不同的系统;强化了系统信息的管理,加强了通信系统。这一时期典型的产品有HONEYWEL的TDC3000,BAILEY的NETWORK-90,西屋公司的WDPF,以及ABB公司的MASTER等。

(3)第三阶段,1985年以后

在这一时期,集散控制系统的技术特点是采用开放式系统网络。符合国际标准组织ISO/OSI开放系统互联的参考模型;开发了中小规模的集散控制系统;采用32位微处理器和触摸屏等,完全实现CRT化操作;引入实时多用户多任务的操作系统。DCS系统向大型化的CIMS(Computer Integrated Manufacturing System,计算机集成制造系统)和小型及微型化两个极端方向发展。

根据采用的主要设备和通信方式,集散控制系统大致可分为以下5类:

①模块化控制站+MAP兼容的宽带、窄带局域网+信息综合管理系统。

②分散过程控制站+局域网+信息管理系统。

③分散过程控制站+高速数据公路+操作站+上位机。

④单回路控制器+通信系统+操作管理站。

⑤编程逻辑控制器PLC±通信系统±操作管理站。这是一种在制造业广泛应用的集散控制系统结构。现已有不少产品可下挂各种厂家的PLC,组成PLC+DCS的形式,应用于有实时要求的顺序控制和较多回路的连续控制场合。

目前,集散控制系统被广泛应用,取得了良好的效果,但并未达到完美的程度。从结构上看,系统的一个局部或子系统基本上还是集中式控制,系统分散得不够彻底,集中式控制系统存在的问题没有从根本上得到解决。3层甚至4层的系统结构方式,使成本较高;各公司的DCS各有各的标准,不能实现互联。

4)现场总线控制系统

要实现控制系统的高度分散化,需要一种性能好、价格低的底层通信网络的连接现场仪表设备,称为"现场总线"。同时,现场设备要实现智能化,即具有通信、自诊断及保护、数据计算、测控输入输出等功能。

现场总线控制系统(FCS)就是用开放的现场总线网络将自动化系统最底层的现场设备互联的实时网络控制系统。它在结构上更加分散,可分为两层,即现场控制网和管理协调网。

如图1.3所示为现场总线控制系统的结构模型。其现场总线给出了多种通信介质,也不限定只用一个总线标准。

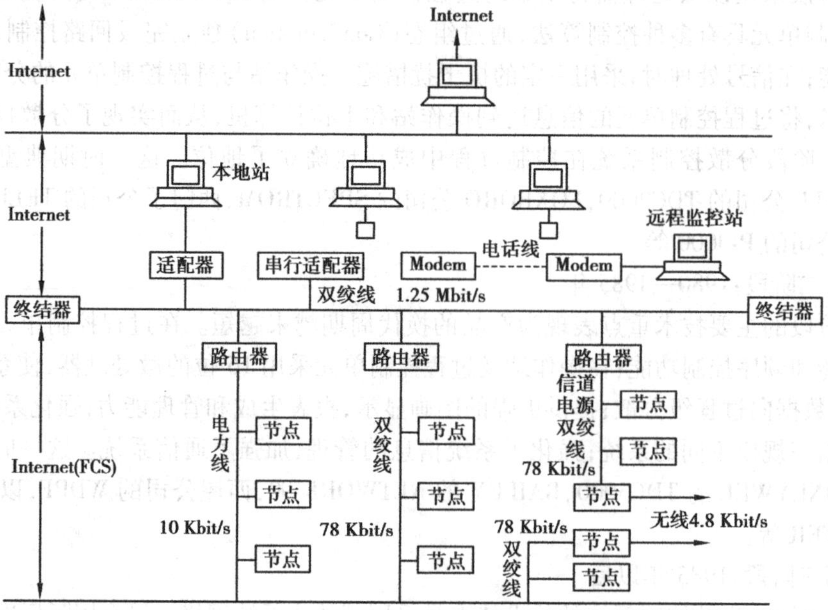

图1.3 现场总线控制系统的结构模型

在结构上,现场总线控制系统FCS与传统的集散控制系统DCS相比有很大的变化。主要有以下5个方面;

①FCS的信号传输实现了全数字化，从最底层的传感器和执行机构采用现场总线网络起，逐层向上直至最高层均为通信网络互联。

②FCS系统结构是全分散式，废弃了DCS的输入/输出单元和控制站，由现场设备或现场仪表取代，即把DCS控制站的功能化整为零，分散地分配给现场仪表，从而构成虚拟的控制站，实现彻底的分散控制。

③FCS的现场设备具有互操作性，不同厂商的现场设备既可互联也可互换，并可统一组态，彻底改变传统DCS控制层的封闭性和专用性。

④FCS的通信网络为开放式互联网络，既可与同层网络互联，也可与不同层网络互联，用户可极其方便地共享网络数据库。

⑤FCS的技术和标准实现了全开放，从总线标准、产品检验到信息发布完全是公开的，面向世界任何一个制造商和用户。

现场总线控制系统的核心是现场总线。现场总线技术是计算机技术、通信技术和控制技术的综合与集成。它的出现将使传统的自动控制系统产生革命性变革，变革传统的信号标准、通信标准和系统标准，变革现有自动控制系统的体系结构、设计方法、安装调试方法和产品结构。

1.1.2 现场总线的发展及定义

工业测控设备和系统中长期采用RS-232/485通信标准，这是一种低速率的数据传输标准，而且其协议并不完善，难以组成大规模的网络系统。控制系统的复杂性和规模增大。如工业现场控制或生产自动化领域中需要使用传感器、控制器等分布广泛的设备，如果采用传统的星形网络拓扑结构或LAN组件及环形拓扑结构成本较高，那么在最底层就需要设计一种造价低又适于现场环境的通信系统，这后来被称为现场总线。

1983年，Honeywell公司推出的智能化仪表，在4~20 mA首流信号上叠加了数字信号，使现场与控制室之间的信息交换由模拟信号向数字信号过渡。Rosemount公司在此基础上制订了HART数字通信协议。此后的十几年间，各大公司都相继推出各种智能仪表，基本上都是模拟数字混合仪表，它们克服了单一模拟信号仪表的技术缺陷，为现场总线的产生奠定了基础。

但是，不同公司的DCS系统不能互联。各种仪表通信标准也不统一，或功能太简单（如RS-232，RS-485），严重束缚了工厂底层网络的发展，从用户到制造商都强烈要求统一标准，组成开放互联网络，即现场总线。

现场总线是用于过程自动化和制造自动化最底层的现场设备或现场仪表互联的通信网络，是现场通信网络与控制系统的集成。根据国际电工委员会IEC（International Electrotechnical Commission）标准和现场总线基金会FF（Fieldbus Foundation）的定义：现场总线是连接智能现场设备和自动化系统的数字式、双向传输、多分支结构的通信网络。现场总线是“在制造/过程现场和安装在生产控制室先进自动化装置中配置的主要自动化装置之间的一种串行数字通信链路”。

现场总线是在生产现场的测量控制设备之间实现双向串行多节点数字通信、完成测量控制任务的系统。它是一种开放型的网络，使测控装置随现场设备分散化，被誉为自控领域的局域网。它在制造业、流程工业、交通、楼宇等处的自动化系统中具有广泛的应用前景。

现场总线的本质含义表现在以下 4 个方面:

1)现场通信网络

现场总线的工作场所是以生产现场为主,是一种串行多节点数字通信系统。现场总线最基本的功能是连接生产现场的智能仪表或设备,一般的测量和控制功能将逐渐分散到现场的设备中来完成。采用现场总线的系统可节约大量的电缆,通常费用较低,可用低廉的造价组成一个系统,而且与上层网络连接的费用也不高。

2)互操作性、互换性

不同厂家产品只要使用同样的总线标准,就能实现设备的互操作、互换,这使设备具有更好的可集成性。用户具有高度的系统集成主动权。

3)分散功能模块

实现了现场通信网络与控制系统的集成,使控制系统在功能和地域上彻底分散化。现场设备智能化程度高,功能自治性强。

4)通信线供电

现场总线除了传输信息外,还可完成现场设备供电的功能。总线供电不仅简化了系统的安装布线,而且还可通过配套的安全栅实现本质安全系统,为现场总线控制系统在易燃易爆环境中应用奠定了基础。

5)开放式互联网络

系统为开放式,可让不同厂商将自己专长的技术(如控制算法、工步流程和配方等)集成到通用系统中,使系统的组织更灵活、更有针对性。同时,开放式的系统给系统的升级扩容维护检修也带来很大便利。

1984 年,ISA(美国仪表协会)最早开始制订现场总线标准。1985 年,国际电工委员会决定由 Proway Working Group 负责现场总线体系结构与标准的研究制订工作。其后的 10 年间,欧美等国为主的自动化设备制造商组织制订了多个现场总线标准。从 OSI 网络模型的角度来看,现场总线网络一般只实现了第一层(物理层)、第二层(数据链路层)、第七层(应用层)。

1.2 现场总线的应用

无论是智能仪器、个人仪器、虚拟仪器、自动测试系统,还是过程控制系统,都需要以通信系统为核心来构建。

本课程所讨论的通信与网络技术,是指应用于测控系统的通信与网络技术。

现场总线技术的应用已非常广泛。凡是使用自动化系统或测控装置的,都将是现场总线技术的应用对象。在工业、农业、电力、公路、铁路、机场、船舶、医疗器械及国防等行业都有现场总线的存在。

纵观各种现场总线,它们一般是从某一个行业的应用开始,逐渐成熟,并推广到其他行业。在某些行业,现场总线技术占据了统治地位,几乎成了标准的控制系统,如 CAN 总线在汽车电子中的应用。

现场总线在国内的应用比国外要滞后几年,大规模的应用还比较少,但未来的发展空间广阔。在国家“九五”“十五”科技攻关项目或其他科技项目的支持下,国内企业完成了一批国产现场总线产品的开发,采用的现场总线有 CAN,HART,Foundation Fieldbus,LonWorks,DeviceNet,Profibus 等。

1.3 现场总线技术的发展趋势

1)充分发挥现场总线的优势

现场总线系统最明显优点是降低系统投资成本和减少运行费用。按照这一基本思想,在进行总线类型的选择和网络设计时,就会有明确的方向。在应用中合理地使用现场总线,充分发挥它的潜能。

2)不同类型的现场总线组合更有利于降低成本

按照数据格式,现场总线大致可分为位式、字节式和数据流总线3种类型。针对不同的情况选用不同的总线,可最大限度地降低系统成本。位式总线的能力很有限,不可能作为大型系统的信息传输主体,但它在成本、速度等方面的优势又是其他高层次总线无法替代的,故通常与其他总线混合使用。

3)现场总线的本质是信息处理现场化

一个控制系统,无论是采用 DCS 还是采用现场总线,系统需要处理的信息量是差不多的。实际上,采用现场总线和智能仪表后,可从现场得到更多的诊断、维护和管理信息。现场总线系统的信息量大大增加了,而传输信息的线缆却大大减少了。这就要求一方面要大大提高线缆传输信息的能力、减少多余信息的传递;另一方面要让大量信息在现场就地完成处理,减少现场与控制机房之间的信息往返。

如果仅仅把现场总线理解为省掉了几根电缆,是没有理解到它的实质的。信息处理的现场化才是智能化仪表和现场总线所追求的目标,也是现场总线不同于其他计算机通信技术的标志。

4)网络的设计

减少信息的往返传递是现场总线系统中网络设计和系统组态的一条重要原则。减少信息往返通常可带来改善系统响应时间的好处。因此,网络设计时,应优先将相互间信息交换量大的节点放在同一条支路里。

5)系统组态傻瓜化

目前,现场总线系统的组态较为复杂,需要组态的参数多,各参数之间的关系比较复杂。如果不是对现场总线非常熟悉,很难将系统设置到最佳状态。

1.4 测控总线通信的基本内容

1)测控总线涉及的通信方式

(1)总线

连接多个集成片或器部件,并完成它们之间的信息流动。

(2)现场总线

现场总线是指连接智能现场设备和自动化系统的数字式、双向传输、多分支结构的通信网络。现场总线广泛应用于过程控制与测试仪表,与控制系统、现场仪表共同组成现场总线控制系统。

(3)工业控制局域网和无线通信网

集散控制系统,特别是大中型集散系统,通常由工业控制局域网或无线通信网完成远距离的通信任务,实现计算机之间、计算机与各控制单元之间的通信。

2)测控总线通信研究的内容

(1)传输

讨论如何为数据提供传输通路,研究适合传输的电信号形式,以及构成传输媒体和电信号控制的各种传输设备。

(2)通信接口

解决怎样把发送端的信号变换为适合传输的信号,或把接收到的电信号变换为终端设备可接收的信号。

(3)通信处理

测控系统通信最复杂的部分。其基本功能包括:

①编辑

编辑包括差错控制、格式化处理等。涉及传输数据前后对数据的安排和监控,以便进行有效传输。

②转换

转换包括速度转换和代码转换。速度转换是为了补偿发送端与接收端之间两者速度上的差异;代码转换是为了将发送端采用的代码转换为接收端采用的代码。

③控制

控制包括路由选择和网络控制等。路由选择研究如何在发送端与接收端之间的所有通信节点中选择一条经济有效的传输通路;网络控制确保数据有序、安全地由发送端传送到接收端。

1.5 学习本门课程需要具备哪些基础

CAN 总线技术包含了数据通信、计算机网络、微处理器及软件设计等方面知识。在学习 CAN 总线技术之前,应掌握和了解一些相关的知识。

①掌握模拟电路和数字电路基础知识。

②掌握微处理器的结构、原理,以及编程技术、C51 语言编程技术。

③数据通信的概念和工业控制网络基础知识。

1.6 思政教育融入测控总线与通信技术课程

将思想政治教育的相关内容融入测控总线与通信技术课程知识传授中,采用学科融入的方式达到思想政治教育的目的。

通过价值引领,达到"课堂育人"的目标。将思政教育中的三观教育、中国梦、社会主义核心价值观等与测控总线与通信技术课程中的职业价值观、职业道德、敬业精神、集体利益等相关联,在潜移默化中让学生接受主流价值观的熏陶,努力实现具有"全球视野、家国情怀、专业素养"的人才培养目标。

思政映射与融入点:

①测量祖国山河的任务融入学生的爱国情怀。

②我国测控总线技术的介绍融入国人的荣誉感。

③通过国测、军测的测量事迹,融入学生的奉献精神和建设祖国的伟大使命,激发学生的爱国热情、学习热情和奉献热情。

④通过测控总线技术的理论指导实践,精益求精,数据真实可靠,符合工匠精神、团队协作精神。

思考题

1. 什么是测控系统？试举几个例子说明。

2. 什么是测控总线？现场总线是如何定义的？

3. 测控总线与仪器通信技术的研究内容可归结为哪几个方面？

第2章 数据通信基础知识

数据通信是为了实现计算机与计算机或终端与计算机之间的信息交互而产生的。实际上,数据通信是通信技术和计算机技术相结合而产生的一种新的通信方式。数据通信是依照一定的通信协议,利用数据传输技术在两个终端之间传递数据信息的一种通信方式和通信业务。它可实现计算机与计算机、计算机与终端和终端与终端之间的数据信息传递,是继电报、电话业务之后的第三种最大的通信业务。

数据通信不同于电报、电话通信,它所实现的主要是通过“终端—机(计算机)”通信与“机—机”通信,也包括“人(通过智能终端)—人”通信。数据通信中传递的信息均以二进制数据形式来表现。数据通信的另一个特点是:它总是与远程信息处理相联系的,是包括科学计算机、过程控制、信息检索等内容的广义的信息处理。

数据通信系统是由计算机、远程终端和数据电路以及有关通信设备组成的一个完整系统。任何一个远程信息处理系统或计算机网都必须实现数据通信与信息处理两方面的功能,前者为后者提供信息传输服务,而后者则是在利用前者提供的服务基础上实现系统的应用。

为了实现数据通信,必须进行数据传输,即将位于某地的数据源发出的数据信息通过传输信道传送到另一地数据接收设备。根据传输媒体的不同,有无线数据通信和有线数据通信之分。但是,它们都是通过传输信道将数据终端与计算机连接起来的,而使不同地点的数据终端实现软硬件和信息资源的共享。为了改善传输质量,降低差错率,并使传输过程有效地进行,系统根据不同应用要求,规定了不同类型的具有差错控制的数据链路控制规程,这些规程有的符合国际标准,也有的符合国家标准,还有的符合公司自己制订的企业标准。但对开放性的用户接口通常采用国家标准或国际标准,以利于互联互通。

工业数据通信与控制网络是近年来发展形成的自控领域的网络技术,是计算机网络、通信技术与自控技术结合的产物。它适应了企业信息集成系统、管理控制一体化系统的发展趋势与需要,是 IT 技术在自控领域的延伸。工业数据通信是形成控制网络的基础和支撑条件,是控制网络技术的重要组成部分。

2.1　数据通信的基本概念

2.1.1　基本术语

1) 数据

数据是由数字、字符和符号等组成的。它是信息的载体,包含了事物的内容。例如,一份文件中的文字、符号、图形、数码都是数据。

2) 信息

信息是客观事物属性和相互联系特性的表征。它反映了客观事物的存在形式和运动状态。

信息是数据所包含的内容和解释,数据是信息的载体,信息需要通过一定的数据形式来表示。

严格地讲,数据和信息是有区别的。数据是独立的,是尚未组织起来的事实的集合;而信息是按一定要求以一定格式组织起来的、具有一定意义的数据,一般可理解为“信息的数字化形式”或“数字化的信息形式”。狭义的“数据”,通常是指具有一定数字特性的信息,如统计数据、气象数据、测量数据以及计算机中区别于程序的计算数据等。但在计算机网络系统中,数据通常被广义地理解为在网络中存储、处理和传输的二进制数字编码。

通信的目的是交换信息。可将信息看成有用的消息。消息是信息的具体内容,信息通过消息来承载。因此,通过对消息的分析就可得到其中所含的信息量。

信息量是能衡量信息多少的物理量,通常用 I 表示。

显然,信息量与事件发生的概率有关。

如果一个消息所表示的事件是必然事件,即该事件发生的概率为 1,则该消息所传递的信息量应该是 0;如果一个消息表示的是一个根本不可能发生的事件,那么这个消息就含有无穷的信息量。

因此,信息量与消息的种类、含义、重要程度无关,仅与信息中包含的不确定性有关。

根据香农的理论,信息就是熵的减少,即用来消除不确定的东西。熵是不确定性的度量。

香农规定:一个消息所承载的信息量 I 等于它所表示的事件发生的概率 P 的倒数的对数,即

$$I = \log_a \frac{1}{p(x)} = -\log_a p(x) \tag{2.1}$$

式中,对数的底 a 决定了信息量单位。

①当 $a=2$ 时,I 的单位为比特(bit),即

$$I = \log_2 \frac{1}{p(x)} = -\log_2 p(x) \tag{2.2}$$

②当 $a=\mathrm{e}$ 时,I 的单位为奈特(nat)。

③当 $a=10$ 时,I 的单位为哈特莱(Hartley)。

在等概率条件下，传送 M 个等概率消息之一，每个消息出现的概率为 $1/M$，任一消息所含信息量为

$$I = -\log_2 \frac{1}{M} = \log_2 M \tag{2.3}$$

当 $M=2$ 时，$I=1$ bit，称为自信息量。

物理意义是：每个二进制波形等概率出现时所含信息量是 1 bit。

通常取 M 为 2 的整数幂，即 $M=2k$，则每个波形等概率出现时所含信息量就是 k bit。

在非等概率条件下，设离散信息源是一个由 n 个符号组成的集合，称符号集。符号集中的每一个符号 x_i 在消息中是按一定概率 $P(x_i)$ 独立出现的。

因此，符号概率均为

$$\begin{bmatrix} x_1 & x_2 & \cdots & x_n \\ p(x_1) & p(x_2) & \cdots & p(x_n) \end{bmatrix} \tag{2.4}$$

且有

$$\sum_{i=1}^{n} p(x_i) = 1 \tag{2.5}$$

则整个消息的信息量为

$$I = -\sum_{i=1}^{n} n_i \log_a p(x_i) \tag{2.6}$$

式中　n_i——第 i 个符号出现的次数。

例 2.1　已知二元离散信源只有“0”“1”两种符号，若“0”出现概率为 1/3，求出现“1”所含的信息量。

解　由于全概率为 1，因此，出现“1”的概率为 2/3。

由信息量定义式可知，出现“1”的信息量为

$$I - \log_a \frac{1}{p(x)} = -\log_a p(x)$$

则

$$I(1) = \log_2 \frac{3}{2} = 0.585 \text{ bit}$$

3）信号

信号是数据的载体，是数据的具体物理表示，具有确定的物理描述，如电压、磁场强度等。在电路中，信号就具体表示数据的电磁编码。

在数据通信系统中，要进行数据传输，总是要借助于一定的物理信号来完成。例如，声波信号和电磁波信号携带了声音数据和光电数据。它可分为模拟信号和数字信号。

数据可分为模拟数据和数字数据。模拟数据取连续值，数字数据取离散值。在数据被传送之前，要变成适合于传输的电磁信号（或是模拟信号，或是数字信号）。因此，信号是数据的电磁波表示形式。模拟数据和数字数据都可用这两种信号来表示。模拟信号是随时间连续变化的信号，这种信号的某种参量（如幅度、频率或相位等）可表示要传送的信息。传统的电话机送话器输出的语音信号、电视摄像机产生的图像信号以及广播电视信号等都是模拟信号。数字信号是离散信号，如计算机通信所用的二进制代码“0”和“1”组成的信号。数字信

号和模拟信号的波形如图 2.1 所示。

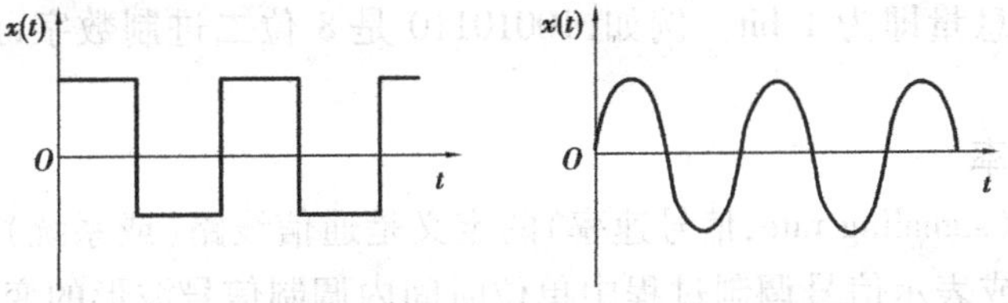

(a)数字信号　　(b)模拟信号

图 2.1　数字信号和模拟信号的波形

4)信源与信宿

信源是指产生和发送信号的设备。信宿是指接收和处理信号的设备。大部分信源和信宿设备都是计算机或其他数据终端设备。

5)信道

信道是传输信息的通道。它是一个逻辑的概念,可表示为向某一方向传输信息的通道。它分为物理信道和逻辑信道两种。物理信道是指传送信号的物理通道,由传输介质与传输设备构成;逻辑信道是指网络上的一条有效信号通路(即连接),一个逻辑信道上只允许一路信号通过。通过采用多路复用技术,一条二线制的物理信道可同时传输多路信息。因此,可广义地理解为一条物理信道可以包含多条逻辑信道。

信道也可分为传送模拟信号的模拟信道和传送数字信号的数字信道两大类。需要注意的是,数字信号在经过数/模转换后就可在模拟信道上传送,而模拟信号在经过模/数转换后也可在数字信道上传送。

6)信息量

信息量是指传输信息的量度,包括位、码元、帧、包 4 个单位。

①位

承载信息的最小单位,即二进制数的一位,也称比特(bit)。

②码元

一个单位数字脉冲称为码元,一个码元可携带 1 位或多位信息。

③帧

数据通信的最小单位,往往由若干位至几千位组成。

④包

传输数据的单位,由若干帧组成一个数据包。

2.1.2　通信技术指标

数据通信的主要技术指标有数据传输速率、传输延迟、信道带宽、信道容量及数据传输的误码率等。这些指标是衡量数据传输的有效性和可靠性的参数。有效性主要由数据传输速率、传输延迟、信道带宽和信道容量等指标来衡量;可靠性一般用数据传输的误码率指标来衡量。

1)信息传输速率

信息传输速率(information rate,信息速率)的定义是通信线路(或系统)单位时间内传输的信息量,即每秒能传输的二进制位数,通常用 Rb 表示,其单位是 bit/s 或 b/s,英文缩略语为

bps。信息传输速率又称比特率(bit rate)、传信率。比特(bit)是"信息量"的计量单位,1 位二进制数所携带的信息量即为 1 bit。例如,10010110 是 8 位二进制数字,所携带的信息量为 8 bit。

2)信号传输速率

信号传输速率(signaling rate,信号速率)的定义是通信线路(或系统)单位时间内传输的码元(脉冲)个数;或表示信号调制过程中单位时间内调制信号波形的变换次数,通常用 RB 表示,其单位是波特(Bd)。

信号传输速率又称波特率、传码率、码元传输速率(简称码元速率)或调制速率。码元(code cell)是携带信息的数字单位,是指在数字信道中传送数字信号的一个波形符号,即"时间轴上的一个信号编码单元"。

波特(Bd)是计量单位,用于量度调制解调器等设备每秒信号变化次数的多少,即表示每秒时间内通信线路状态改变的次数,而不代表传输数据的多少。

如果每秒传输 1 个码元,则称为 1 Bd;如果 1 码元的时间长短为 200 ms,则每秒可传输 5 个码元,那么码元速率(波特率)就是 5 Bd。

波特率(码元速率)并没有限定是何种进制的码元,故给出波特率时必须说明这个码元的进制。对 N 进制码元,比特率(信息速率)Rb 与波特率(码元速率)RB 的关系式为

$$Rb = RB \cdot 1b\ N \tag{2.7}$$

例如,波特率为 600 Bd,则在二进制时,比特率也为 600 bit/s;在四进制时,由于 lb 4=2,故比特率为 120 bit/s。可知,在一个码元中可传送多个比特。

显然,对二进制码元,因为 lb 2=1,所以 Rb=RB。波特率与比特率在数值上相等,但单位不同,即二者代表的意义不同。

例如,当系统以每秒 50 个二进制符号传输时,信息速率为 50 bit/s,信号速率为 50 Bd。在无调制的情况下,比特率等于波特率;采用调相技术时,比特率不等于波特率。通信系统的发送设备和接收设备必须在相同的波特率下工作,否则会出现帧同步错误。

3)数据传输率

数据传输率(data transfer rate)又称数据传输速率、数据传送率。其定义是:通信线路(或系统)单位时间(每秒)内传输的字符个数;或单位时间(每秒)内传输的码组(字块)数或比特数。其单位是字符/秒,或码组/秒、比特/秒(可知,当数据传输率用 bit/s 作单位时,即等于比特率)。

例如,在某计算机异步串行通信系统中,数据传输率为 960 字符/s,每个字符包括 1 个起始位、8 个数据位和 1 个停止位,则对应的比特率为

$$10\ 位/字符 \times 960\ 字符/秒 = 9\ 600\ 位/秒 = 9\ 600\ bit/s \tag{2.8}$$

因为是二进制编码,所以对应的波特率也为 9 600 Bd。

4)信号传播速度

信号传播速度 v 是指电磁波在介质中单位时间内传播的距离,单位是 m/s。

电磁波在真空中的传播速度约为 3×10^8 m/s,电磁波在一般金属中的传播速度约为 2×10^8 m/s。

5)信号带宽

信号带宽是指信号的频率范围,即信号的最高频率与最低频率之差,单位是 Hz。

6) 信道带宽

信道带宽 F 是指物理信道允许通过的信号的频率范围,单位是 Hz。

有效带宽是指单位大小的信号通过信道时,幅度衰减为原信号的 0.707 倍时,最高频率与最低频率之差。

7) 信道容量

信道容量是衡量系统有效性的指标。它与系统的通信效率和可靠性都有直接的关系。信道容量是指信道所能达到的最大传输功率能力。它表征一个信道传输数据的能力,单位也是比特/秒。当信道的实际信息传输速率低于信道容量 C 时,就可实现有效的信息传输;而当实际信息传输速率超过信道容量时,传输质量就不能保证。

实际上,衡量系统可靠性指标的误码率和衡量通信效率的传输速率两者之间是相互制约的,即在一定条件下,提高通信效率会使可靠性降低,提高可靠性就会使通信效率降低。但是,衡量可靠性的误码率指标受通信设备、传输线路和传输环境等影响,不可能大幅度提高。那么,能否在误码率一定的条件下,无限制地或尽可能地提高传输速率呢？实际上,这是不可能的。对于特定的数据通信系统来讲,传输速率是有极限的。

8) 误码率

误码率 Pe 是传送中数据出错的概率,也称出错率。它是通信系统中衡量系统传输可靠性的重要指标。设传输的数据码元总数为 N,出错的位数为 Ne,则误码率为

$$Pe = \frac{Ne}{N} \times 100\% \tag{2.9}$$

9) 传输延迟

传输延迟是指由于各种原因的影响,而使系统信息在传输过程中存在着不同程度的延误或滞后的现象。信息的传输延迟时间包括发送和接收处理时间、电信号响应时间、中间转发时间及信道传输时间等。

传输时延:发送一组信息所用的时间,该时间与信息传输速率和信息格式有关。

传播时延:信号在物理媒体中传输一定距离所用的时间。它与信号传播速度和距离有关。

电磁波在光纤、微波信道中的传播速度为 3×10^8 m/s,而在一般电缆中的传播速度约为光速的 2/3。

2.2　数据通信方式

数据通信的基本方式有两种:一种是并行通信;另一种是串行通信。

并行通信通常用于计算机系统内部及与外设之间大量频繁的数据传输。在这种方式中,每个数据编码的各个比特都是同时发送的。因此,数据传输率高。但是,在远距离通信时,由于这种通信需要的线路太多,故通信成本太高;另外,并行线路间电平的相互干扰也会影响传输质量。因此,一般不采用并行通信。

串行通信中的物理信道只有一条,信号的传输一位一位地进行。串行通信就是比特(bit)的逐位传送,对于要进行远距离传输的每个数据编码的各个比特来说,一般按照从低位到高位的顺序依次进行传送。由于这种方式节省线路成本。因此,它是远距离数据通信较好的

选择。

2.2.1 单片机串行数据通信方式

按数据传输的方向，可分为以下3种通信方式：

1)单工

单工只支持数据在一个方向上传输。例如，电视网，用户端的电视只能接收电缆发送过来的信号，如图2.2所示。

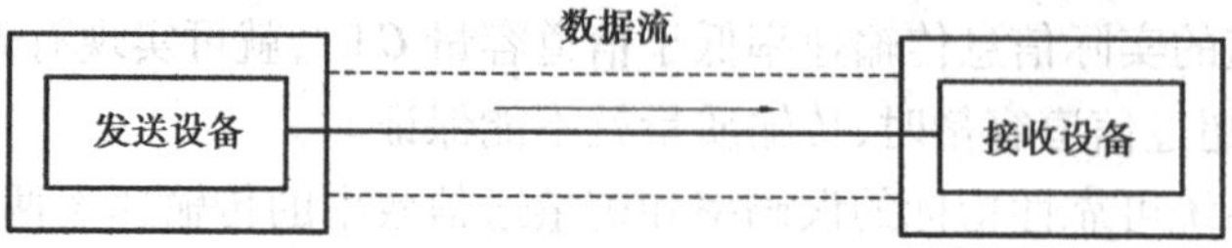

图2.2 单工通信示意图

2)半双工

半双工允许数据在两个方向上传输，但在某一时间内，只允许数据在一个方向上传输，因而半双工通信是一种可切换方向的单工通信，如图2.3所示。

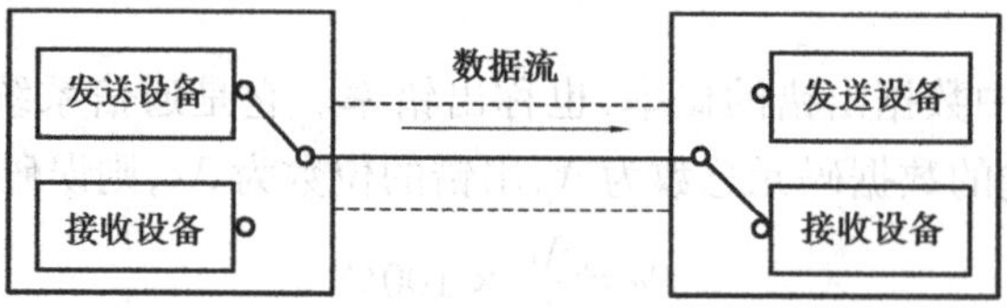

图2.3 半双工通信示意图

3)全双工

全双工允许数据同时在两个方向上传输。它是两个单个通信方式的结合，要求发送设备和接收设备都有独立的接收和发送能力，如图2.4所示。

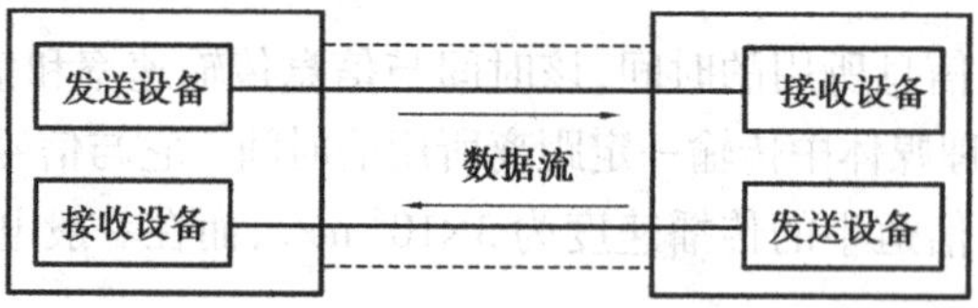

图2.4 全双工通信示意图

2.2.2 单片机串行数据通信的同步方式

数据在传输线路上以串行方式进行通信时，为了保证发送端发送的信号能够被接收端正确无误地接收，接收端必须与发送端同步。也就是说，接收端不但要知道一组二进制位的开始与结束，还需要知道每位的持续时间，这样才能做到用合适的采样频率适时采样所接收到的数据。通常接收器在每位的中心进行采样。如果发送端和接收端的时钟不同步，即使只有极小的误差，随着时间的增加，误差逐渐积累，终究会造成收发之间的失步。由于发送端和接收端的时钟信号不可能绝对一致，因此必须采取一定的同步手段，使接收端能根据发送数据的起止时间和时钟频率来校正自己的时间基准与时钟频率。这个过程称为位同步或码元同步。在传送由多个码元组成的字符以及由许多字符组成的数据块时，通信双方也要就信息的起止时间取得一致。实际上，同步技术直接影响着通信的质量，质量不好的同步将会使通信系统不能正常工作。

常用的同步方式有两种:异步通信和同步通信。异步通信是一种利用字符的再同步技术的通信方式;同步通信是通过同步字符的识别来实现数据的发送和接收的。

1)异步通信

在异步通信(asynchronous communication)中,数据通常是以字符(或字节)为单位组成字符帧传送的。异步通信也称群同步。所谓的"群",一般是以字符为单位的。在每个字符前面有起始位,在每个字符后面有终止位,从而组成一个字符序列"群"。

在异步通信中,字符帧由发送端一帧一帧地发送,通过传输线为接收设备一帧一帧地接收。发送端和接收端可以有各自的时钟来控制数据的发送和接收,这两个时钟源彼此独立。互不同步。在异步通信中,两个字符之间的传输间隔是任意的。因此,每个字符的前后都要用一些数位来作为分隔位。

发送端和接收端依靠字符帧格式来协调数据的发送和接收,在通信线路空闲时,发送线为高电平(逻辑1),每当接收端检测到传输线上发送过来的低电平(逻辑0,字符帧中的起始位)时,就知道发送端已开始发送;每当接收端接收到字符帧中停止位时,就知道一帧字符信息已发送完毕。

在异步通信中,字符帧格式和波特率是两个重要指标。用户可根据实际情况来选定。

(1)字符帧

字符帧(Character Frame)也称数据帧,由起始位、数据位、奇偶校验位及停止位4个部分组成。现对各部分结构和功能分述如下:

①起始位

位于字符帧开头,只占一位,始终为逻辑0(低电平),用于向接收设备表示发送端开始发送一帧信息。

②数据位

紧跟起始位之后,用户根据情况可取5位、6位、7位或8位,低位在前,高位在后(即先发送数据的最低位)。若所传数据为ASCII字符,则常取7位。

③奇偶校验位

位于数据位后,仅占一位,用于表征串行通信中采用的是奇校验还是偶校验。用户可根据需要决定采取何种校验方式。

④停止位

位于字符帧末尾,为逻辑1(高电平),通常可取1位、1.5位或2位,用于向接收端表示一帧字符信息已发送完毕,也为发送下一帧字符作准备。

在串行通信中,发送端一帧一帧发送信息,接收端一帧一帧接收信息。两相邻字符帧之间可无空闲位,也可有若干空闲位。用户可根据需要决定。如图2.5(b)所示为有3个空闲位时的字符帧格式。

(2)单片机异步通信的传输速率

在用异步通信方式进行通信时,发送端需要用时钟来决定每一位对应的时间长度,接收端需要用一个时钟来测定每一位的时间长度。前一个时钟称为发送时钟;后一个时钟称为接收时钟。这两个时钟的频率可以是位传输率的16倍、32倍或64倍。这个倍数称为波特率因子,而位传输率称为波特率。波特率越高,数据传输速度越快,但与字符的实际传输速率不同。字符的实际传输速率是指每秒内所传字符帧的帧数,与字符帧格式有关。例如,波特率为1 200 bit/s的通信系统,若采用如图2.5(a)所示的字符帧(每一字符帧包,含数据11位),则字符的实际传输速率为1 200/11=109.09帧/s;若采用如图2.5(b)所示的字符帧(每一字符帧包含数据14位),则字符的实际传输速率为1 200/14=85.71帧/s。

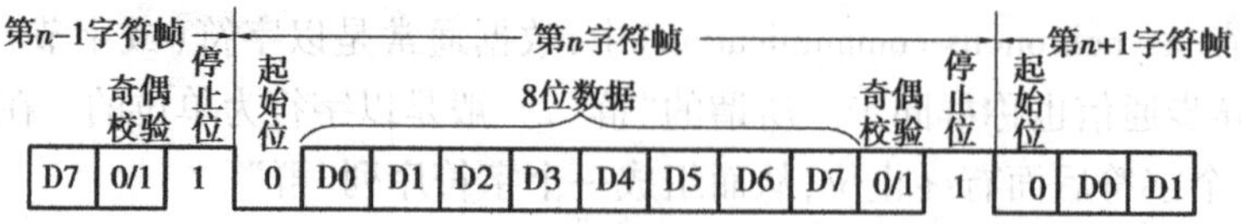

(a)无空闲位字符帧

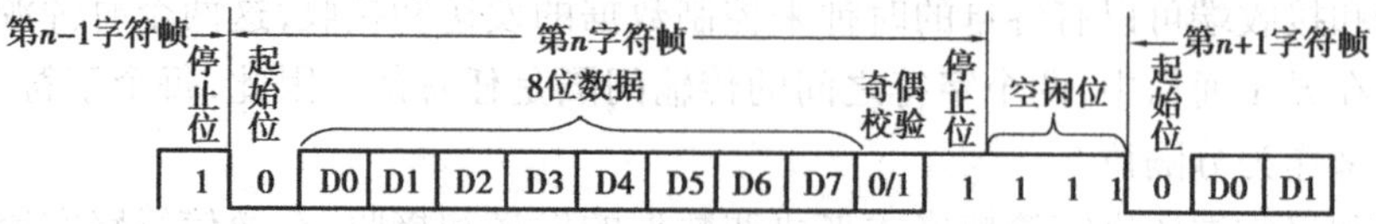

(b)有空闲位字符帧

图2.5　异步通信的字符帧格式

每位的传输时间定义为波特率的倒数。例如,波特率为9 600 bit/s的通信系统,其每位的传输时间为

$$T_{\mathrm{d}}=\frac{1}{9\ 600\ \mathrm{bit/s}}=0.104\ \mathrm{ms} \tag{2.10}$$

通常异步通信的波特率为50～9 600 bit/s。波特率不同于发送时钟和接收时钟,通常是时钟频率的1/16或1/64。

当波特率因子为16,通信时,接收端在检测到电平由高到低变化以后,便开始计数,计数时钟就是接收时钟。当计到第8个时钟以后,就对输入信号进行采样,如仍为低电平,则确认这是起始位,而不是干扰信号。此后,接收端每隔16个时钟脉冲对输入线进行一次采样。直到各个信息位以及停止位都输入以后,采样才停止。当下一次出现由1到0的跳变时,接收端重新开始采样。正因为如此,在异步通信时,发送端可在字符之间插入不等长的时间间隔,即空闲位。

虽然接收端和发送端的时钟没有直接的联系,但由于接收端总是在每个字符的起始位处进行一次重新定位,因此必须要保证每次采样对应一个数据位。只有当接收时钟和发送时钟的频率相差太大而在起始位之后刚采样几次就造成错位时,才出现采样造成的接收错误。如果遇到这种情况,就会出现停止位(按规定停止位应为高电平)为低电平(此情况下,未必每个停止位都是低电平),引起信息帧格式错误。对这类错误,大多数串行接口都是有能力检测出来的。也就是说,大多数可编程的串行接口都可检测出奇偶校验错误和信息帧格式错误。

异步通信的优点是不需要传送同步脉冲,字符帧长度也不受限制,故所需设备简单。其缺点是字符帧中因包含有起始位和停止位而降低了有效数据的传输速率。

2)同步通信

同步通信(synchronous communication)是一种连续串行传送数据的通信方式。一次通信只传送一帧信息。同步通信也称位同步(synchronous),是指接收端对每一位数据都要和发送端保持同步。同步通信有外同步法和自同步法两种。

①外同步法是指接收端的同步信号是先由发送端发过来的，而不是自己产生的，也不是从信号中提取出来的。

②自同步法能从数据信号中提取同步信号的方法。典型的自同步法是曼彻斯特编码信号的接收。

同步通信的信息帧和异步通信中的字符帧不同，通常含有若干个数据字符。根据控制规程，可分为面向字符和面向比特两种。

(1)面向字符型的数据格式

面向字符型的同步通信数据格式可采用单同步、双同步和外同步3种数据格式，如图2.6所示。

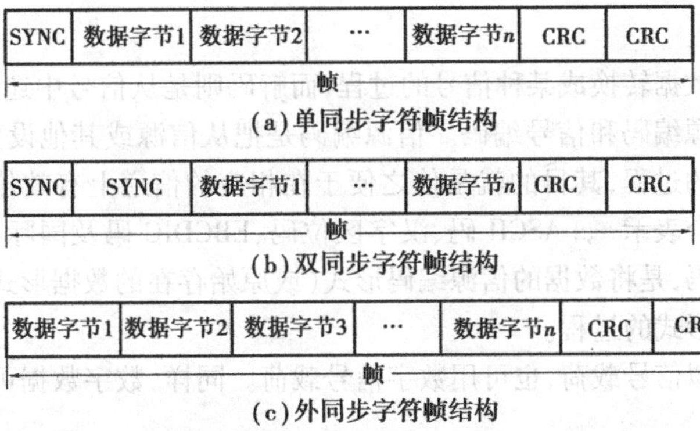

图2.6　面向字符型同步通信数据格式

单同步和双同步均由同步字符、数据字符和校验字符CRC 3个部分组成。单同步是指在传送数据之前先传送一个同步字符SYNC，双同步则先传送两个同步字符SYNC。其中，同步字符位于帧结构开头，用于确认数据字符的开始（接收端不断对传输线采样，并把采样到的字符和双方约定的同步字符比较，只有比较成功后才会把后面接收到的字符加以存储）；数据字符在同步字符之后，个数不受限制，由所需传输的数据块长度决定；校验字符有1到2个，位于帧结构末尾，用于接收端对接收到的数据字符的正确性校验。外同步通信的数据格式中没有同步字符，而是用一条专用控制线来传送同步字符，使接收端及发送端实现同步。当每一帧信息结束时均用两个字节的循环控制码CRC结束。

在同步通信中，同步字符可采用统一标准格式，也可由用户约定。在单同步字符帧结构中，同步字符常采用ASCII码中规定的SYN（即16H）代码。在双同步字符帧结构中，同步字符一般采用国际通用标准代码EB90H。

(2)面向比特型的数据格式

根据同步数据链路控制规程（SDLC），面向比特型的数据一帧为单位传输，每帧由6部分组成：第1部分是开始标志“7EH”；第2部分是1字节的地址场；第3部分是1字节的控制场；第4部分是需要传送的数据，数据都是位（bit）的集合；第5部分是2字节的循环控制码CRC；第6部分又是“7EH”，作为结束标志。面向比特型同步通信数据格式如图2.7所示。

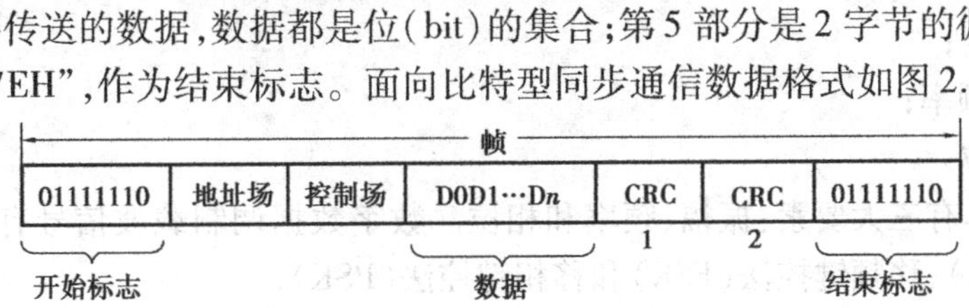

图2.7　面向比特型同步通信数据格式

在 SDLC 中不允许在数据段和 CRC 段中出现 6 个“1”，否则会误认为是结束标志。因此，要求在发送端进行检验。当连续出现 5 个“1”时，则立即插入一个“0”，到接收端要将这个插入的“0”去掉，恢复原来的数据，保证通信的正常进行。

同步通信的数据传输速率较高，通常可达 56 000 bit/s 或更高，因此适用于传送信息量大、要求传送速率很高的系统中。同步通信的缺点是要求发送时钟和接收时钟保持严格同步，故发送时钟除应与发送波特率保持一致外，还要求把它同时传送至接收端。

2.3 数据编码技术

数据编码就是将数据转换成某种信号的过程，而解码则是从信号中还原数据的过程。数据的编码技术包括信源编码和信号编码。信源编码是把从信源或其他设备输出的数据转换成用代码表示的数据的过程，其目的就是使之便于在相应的信道上有效传输。通常情况下，代码用二进制数字组合表示，如 ASCII 码、汉字区位码、EBCDIC 码及国际 5 号码等。数据信号的编码又称信道编码，是将数据的信源编码形式（或原始存在的数据形式）转换成某一种适合于信道传输的信号形式的过程。

模拟数据可用模拟信号载荷，也可用数字信号载荷。同样，数字数据可用数据信号载荷，也可用模拟信号载荷。

这样就构成了 4 种方式，所对应的 4 种数据信息编码分别为模拟数据的模拟信号编码、数字数据的模拟信号编码、数字数据的数字信号编码及模拟数据的数字信号编码。

把数字数据转换为模拟信号，或把模拟数据转换为数字信号，这些过程都称为调制，而它们的逆过程都称为解调。

2.3.1 数字信号的模拟信号编码

在计算机网络的远程通信中，通常采用频带传输。若要将基带信号进行远程传输，要先将其转换为频带信号（即模拟信号），再在模拟信道上传输。这个变换就是数字数据的模拟信号编码过程（即调制过程）。

调制就是利用基带信号对模拟载波信号的某些参量进行控制，使这些参量随基带信号的变化而变化的过程。而解调是调制的逆过程，就是把从信道上接收到的模拟信号转换为数字数据。调制后的信号称为已调信号。它包含了调制信号的所有信息。

模拟信号传输的基础是低频载波。它是频率恒定的连续信号。例如，设载波信号为正弦交流信号，即

$$f(t) = A\sin(\omega t + \varphi)$$

式中 A——幅度；

ω——角频率；

φ——相位。

因此，载波具有三大要素：振幅、频率和相位。数字数据调制载波信号有 3 种基本形式：移幅键控法（ASK）、移频键控法（FSK）和移相键控法（PSK）。

1）移幅键控法

移幅键控法（ASK）就是利用基带脉冲信号对模拟载波信号的幅度进行控制，使其随基带脉冲的变化而变化，频率和相位均不变。实际上，就是用载波的两种不同幅度来表示二进制数的两种不同状态。例如，用振幅恒定的载波存在表示一个二进制数字"1"，而另一个二进制数字"0"则用载波不存在来表示，如图2.8（b）所示。

ASK技术简单，实现容易，但抗干扰能力较差，容易受载波信号幅度变化的影响，是一种低效的调制技术。在电话线路上，通常只能达到1 200 bit/s的数据传输率。

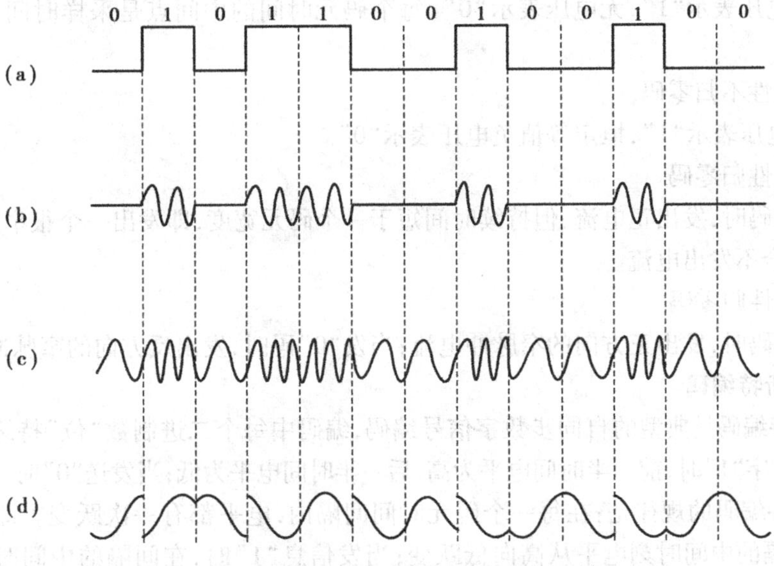

图2.8　数字信号的模拟信号编码的3种调制方式
（a）数字信号原波形　（b）移幅键控法　（c）移频键控法　（d）移相键控法

2）移频键控法

移频键控法（FSK）是调制载波的频率，是利用基带脉冲信号对模拟载波信号的频率进行控制，使其随基带脉冲的变化而变化（通过改变载波信号的角频率来表示数字信号中的1和0），幅度和相位均不变，即用载波频率附近的两个不同频率表示两个二进制值，如图2.8（c）所示。

FSK由键控方法实现，利用数字信号控制开关对两个不同的独立载波频率源进行选通。FSK技术较简单，实现较容易，抗干扰能力较强，是目前较常用的调制方法。

例如，在电话信号的传输上，把300～3 400 Hz分成两个带宽：一个带宽用于发送，另一个带宽用于接收。通常可达到1 200 bit/s的数据传输率，而且不受载波信号幅度变化的影响，通信质量高。

3）移相键控法

移相键控法（PSK）是调制载波的相位，利用载波信号相位移动来表示不同的二进制值。在二相移位键控法中，用发送与以前所发送信号串同相位的信号表示"0"，用发送与以前所发送信号串反相位的信号表示"1"。如图2.8（d）所示，移相键控法也可使用多于二相的位移，如四相位移。PSK技术比FSK方式更有效。在电话线路上，传输速率可达到9 600 bit/s。但是，移相键控法（PSK）实现技术更复杂。

2.3.2 数字数据的数字信号编码

数字数据的数字信号编码问题就是要解决数字数据的数字信号表示问题。数字数据可由多种不同形式的脉冲信号的波形来表示。

1)基本编码方法

数字信号最常用的编码方法是用不同的电压值来表示两个二进制数字,形成电脉冲信号。

(1)单极性不归零码(NRZ)

恒定正电压表示"1",无电压表示"0",每个码元时间的中间点是采样时间,如图2.9所示的A。

(2)双极性不归零码

恒定正电压表示"1",恒定等值负电压表示"0"。

(3)单极性归零码

当发"1"码时,发出正电流,但持续时间短于一个码元宽度,即发出一个很窄的脉冲;当发"0"码时,完全不发出电流。

(4)双极性归零码

当发"1"码时,发出正方向的窄脉冲电流;当发"0"码时,发出反方向的窄脉冲电流。

2)曼彻斯特编码

曼彻斯特编码是典型的自同步数字信号编码,编码中每个二进制数"位"持续时间分为两半。当发送数字"1"时,前一半时间电平为高,后一半时间电平为低;当发送"0"时,刚好相反。

曼彻斯特编码的规律是:在每一个码元时间间隔内,电平都有一次跃变。即当发送信息"0"时,在间隔的中间时刻电平从高向低跃变;当发信息"1"时,在间隔的中间时刻电平从低向高跃变。该跃变既可作为时钟信号,又可作为数据信号,如图2.9所示的B。

差分曼彻斯特码,它的每个码位中间的跳变被专门用作定时信号,而用每个码开始时刻有无跳变来表示数字"0"或"1"。有跳变表示"0",无跳变表示"1"。

差分曼彻斯特码的规律是:在每一个码元的中间时刻,电平都有一次跃变。发送信息"1"时,间隔开始时刻不跃变;发送信息"0"时,间隔开始时刻有跃变。该跃变仅作为时钟信号,如图2.9所示的C。

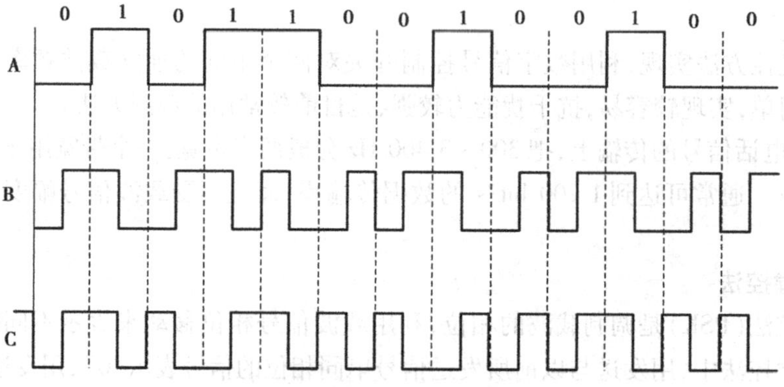

图2.9 数字数据的数字信号编码

A—单极性不归零码;B—曼彻斯特编码;C—差分曼彻斯特码

2.4 数据传输

数据传输的基本形式是基带传输、频带传输和宽带传输。基带传输对应数字信道,而频带传输对应模拟信道。

2.4.1 基带传输

在线路上直接传输基带信号的方法,称为基带传输。所谓基带信号,就是由计算机或终端等数字设备产生的,未经调制的数字数据相对应的原始信号(方波脉冲)。基带信号通常呈矩形波形式,它所占据的频率范围通常是从直流到高频的频谱,范围较宽。

基带通信是一种最简单、最基本的传输方式,适于传输各种速率要求的数据;基带传输过程简单,设备费用低,适用于近距离的传输。

2.4.2 宽带传输

宽带是指比音频带宽更宽的频带。它包括大部分电磁波频谱。利用宽带进行的传输,称为宽带传输。宽带传输系统可以是模拟或数字传输系统,它能在同一信道上进行数字信息和模拟信息传输。宽带传输系统可容纳全部广播信号,并可进行高速数据传输。

在局域网中,存在基带传输和宽带传输两种方式。基带传输的数据速率比宽带传输速率低。一个宽带信道可划分为多个逻辑基带信道。

宽带传输能把声音、图像、数据等信息综合到一个物理信道上进行传输。宽带传输采用的是频带传输技术,但频带传输不一定是宽带传输。

宽带网与基带网的主要区别是:数据传输速率不同,基带网的数据速率范围为 0 ~ 10 Mbit/s,宽带网为 0 ~ 400 Mbit/s。宽带网可分为多条基带信道,提供良好的通信路径。

2.4.3 频带传输

频带信号是指基带信号变换(调制)成的便于在模拟信道中传输的、具有较高频率的信道信号。

频带传输是指在信道中传输频带信号的传输方式。在远距离传输中,通常不采用基带传输而采用频带传输方式。

2.5 多路复用技术

多路复用(multiplexing)技术是指在单一的物理通信线路上,建立多条并行通信信道,使多个计算机或终端设备共享信道资源,提高信道的利用率。多路复用技术包括复用、传输和分离 3 个过程。实现多路复用功能的设备,称为多路复用器。复用器通常是成对使用。多路复用技术应用在共享式信道上。

常用的多路复用技术有频分多路复用(FDM)、时分多路复用(TDM)、波分多路复用

(WDM)、码分多路复用(CDMA)及空分多路复用(SDM)。这里只讨论前3种复用技术。

2.5.1 频分多路复用

频分多路复用(Frequency Division Multiplexing,FDM)将物理信道的可用带宽(频带)按频率分割成多个互不交叠的频段(子信道),每路信号占据其中一个频段,从而形成多个子信道,最终在同一介质上实现同时传送多路信号,适用于模拟信号的传输。

频分多路复用实现的条件是信道的带宽远远大于每个子信道的带宽,采用频分多路复用时数据在各子信道上是并行传输的。因各子信道相互独立,故一个信道发生故障时不会影响其他信道。

FDM信号是频带信号。被复用的信号是模拟的,但信源信号可以是模拟的,也可以是数字的。不同的信号在进入频分复用信道前要做相应变换,使之成为模拟信号。

2.5.2 时分多路复用

时分多路复用(Time Division Multiplexing,TDM)以信道传输时间作为分割对象,通过为多个信道分配互不重叠的时间片的方法来实现单一物理信道传输多路信号;每个信道在其占有的时间片内,可使用物理信道的全部带宽。

时分多路复用实现的条件是信道能达到的最高传输速率超过待传输的各路信号的传输速率之和。时分多路复用更适用于数字数据信号的传输。

时分多路复用可分为固定时分多路复用和统计时分多路复用,或称同步时分多路复用(STDM)和异步时分多路复用(ATDM)。

1)同步时分多路复用

同步时分多路复用(Synchronous TDM)将时间片预先分配给各个信道,并且在每个发送周期,时间片顺序固定不变。因此,各个信道的发送与接收必须是同步的。在这种方法中,因不考虑各信道在所分配的时间片内是否有数据要发送,故会造成信道时间片的浪费。

2)异步时分多路复用

异步时分多路复用(Asynchronous TDM)允许动态分配时间片,每个周期内的各个时间片只分配给那些需要发送数据的信道。因此,复用的信道数可大于分割的时间片数,提高了通信线路的利用率。

2.5.3 波分多路复用

波分多路复用(Wavelength Division Multiplexing,WDM)就是在一根光纤上能同时传送多个波长不同的光载波信号的复用技术。通过WDM,将光纤信道分为多个波段,每个波段传输一种波长的光信号,这样在一根光纤上可同时传输多个不同波长的光信号。它的实质还是频分多路复用,通过频域的分割,每个通路占用一段光纤的带宽。

光信号具有不同波长,波分多路复用利用了衍射光栅来实现不同光波的合成和分解。发送端的波分复用设备,称为合波器。它将不同信道的信号调制成不同波长的光,并复用到一条光纤信道上。接收端的波分复用设备,称为分波器。它分离出不同波长的光信号,分送给不同的信道,如图2.10所示。

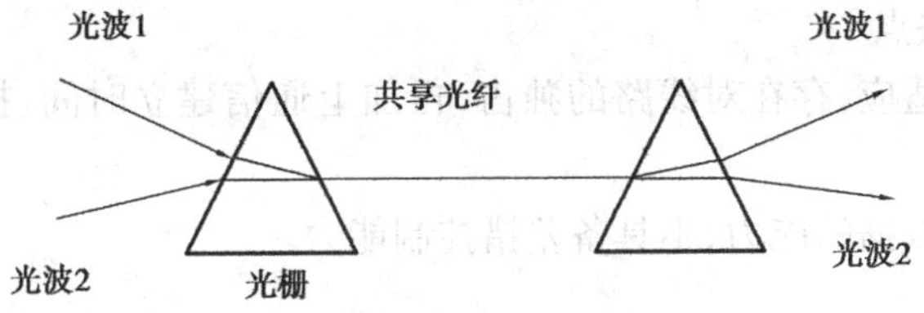

图 2.10　波分多路复用 WDM 示意图

2.6　数据交换技术

数据交换是指在任意拓扑结构的通信网络中，通过网络节点的某种转换方式实现任意两个或多个系统之间的连接。数据交换是多节点网络中实现数据传输的有效手段。

数据交换通过中间网络实现，这个中间网络只为数据从一个节点到另一个节点直至到达目的节点提供交换的功能。这个中间网络也称交换网络，组成交换网络的节点称为交换节点。一般的交换网络都是通信子网。

数据交换的方式主要电路交换、报文交换和分组交换。其中，分组交换在实际的数据网中较多采用。在一个采用分组交换的数据网中，除了在相邻交换节点之间实现数据传输与数据链路控制规程所要求的各项功能外，在每一交换节点上尚需完成分组的存储与转发、路由选择、流量控制、拥塞控制、用户入网连接以及有关网络维护、管理等工作。

2.6.1　电路交换

1）电路交换原理

电路交换也称线路交换（circuit switching）。通信双方首先通过网络节点建立一条专用的、实际的物理线路连接，然后双方利用这条线路进行数据传输。

其通信过程分为建立线路、传输数据和线路释放 3 个阶段。

（1）建立线路

源点向网络发送带目的节点地址的请求连接信号。该信号先到达连接源点的第一个交换节点，该节点根据请求中的目的节点地址，按一定的规则将请求传送到下一个节点；以此类推，直到目的节点。目的节点接到请求信号后，若同意通信，从刚才的来路返回一个应答信号。此时，源、目的节点之间的线路即已建成。

（2）传输数据

源点在已建立的线路上发送数据和控制信息，直至全部发送完毕。

（3）线路释放

源点数据发送完毕，并且目的节点也正确接收完毕，就可由某一点提出拆线请求，拆除原来建立的线路。

2）电路交换的特点

（1）电路交换的优点

用户以固定的速率传输数据，中间节点也不对数据进行其他缓冲和处理，数据不丢失、不乱序，传输可靠，传输实时性好，透明性好，适用于交互式会话类通信。

(2)电路交换的缺点

对突发性通信不适应,存在对线路的独占,再加上通信建立时间、拆除时间和呼叫损耗,通信线路使用效率低。

系统不具备存储数据的能力,不具备差错控制能力。

2.6.2 报文交换

1)报文交换原理

报文交换(message switching)传输的数据单位是"报文(message)"。报文包括要发送的数据、目的地址、源地址及控制信息。

报文交换发送数据时,不需要在信源与信宿之间建立一条专用通道,而是首先由发送方把待传送的正文信息再加上相应的控制信息形成一份份报文;再以报文为单位送到各节点;交换节点在接收报文后进行缓存和必要的处理;待指定输出端线路和下一节点空闲时,再将报文转发出去,直到目的节点;目的节点将收到的各份报文中的正文信息交付给接收端 DTE。

报文交换方式是以报文为单位交换信息。每个报文包括 3 个部分:报头、报文正文和报尾。报头通常由报文编号、发送端地址、接收端地址、报文起始、数据起始及结束标志等控制信息组成。报尾通常包括差错控制信息等。

2)报文交换特点

①报文的传递采用"存储—转发"方式,多个报文可共享通信信道,线路利用率高。

②通信中的交换设备具有路由选择功能,可动态选择报文通过通信子网的最佳路径,同时可平滑通信量,提高系统效率。

③报文在通过每个节点的交换设备时,都要进行差错检查与纠错处理,减少了传输错误。

④报文交换网络可以进行通信速率与代码的转换。

⑤实时性较差,报文经过中间节点的延时长且不定,当报文较大时,则经过网络时的延迟会相当长。

⑥中间节点可能发生存储"溢出",导致报文丢失错误。

2.6.3 分组交换

1)分组交换原理

分组交换(packet switching)又称报文分组交换,是计算机网络通信普遍采用的数据交换方式。它是为减少报文交换的缺点而提出来的。在分组交换中,将传输的数据分为几个短的分组,一般分组长度为 1 000 ~ 2 000 字节,每个分组中加有控制信息,其中包含报文传送的目的地址、分组编号、校验码等传输控制信息。

在线路和节点上是以报文分组为单位进行存储、处理和转发的。在原理上,分组交换技术类似于报文交换,只是它们的数据单位不同。报文分组交换中规定了分组的长度。通常分组的长度小于报文交换中报文的长度。如果站点的信息超过限定的分组长度,该信息必须被分为若干个分组。

与报文交换相比,报文分组交换有以下特点:

①利用节点主存进行存储转发,不需访问外存,处理速度加快,降低了传输延迟。

②较短的信息分组,其下一节点和线路的响应时间也较短,可提高传输速率。

③短信息传输中出错的概率小,即使有差错重发的也只是一个分组,提高了传输效率。

④分组交换的数据报形式可使多个分组在网络的不同链路上并发传送,提高传输效率和线路利用率。

⑤可大大降低对节点存储容量的要求。

⑥分组交换要进行组包、拆包和重装过程,增加了报文的加工处理时间。

报文分组交换技术是由数据报分组和虚电路分组两种传输方式实现的。其中,数据报传输是一种面向无连接的传输方式;虚电路传输是一种面向连接的传输方式。

2)虚电路分组交换特点

虚电路传输是一种面向连接的交换服务。它将电路交换和数据报交换结合起来。在发送分组前,要先建立逻辑连接——虚电路。但是,与电路交换不同的是:

①虚电路交换建立的不是专用线路而是一个逻辑通路,其他分组仍可使用该通路上的各段链路;每个分组除包含数据之外,还得包含一个虚电路标识符。

②分组在各节点仍要存储转发,但不必做路由选择,交换完成后用清除请求的分组来清除该条虚电路。

3)数据报分组交换特点

数据报传输类似于邮政系统的信件投递。每个分组都携带完整的源、目的节点的地址信息,独立地传输。每经过一个中间节点时,都要根据目标地址、网络流量及故障等网络当时的状态,按一定路由选择算法选择一条最佳的输出线,直至传输到目的节点。传输过程中,可能经过不同的节点,到达的顺序也可能打乱。当所有的分组都到达目的地后,重新把它们按顺序排列,还原成原来的数据。数据报分组交换中,各分组的传送没有一条预先规定的路径,每个节点的传输,都要进行路由选择。

2.7 传输介质

传输介质(媒体)组成网络通信中发送方与接收方之间的物理通道,可分为有线和无线两大类介质。有线介质包括同轴电缆、双绞线和光纤等;无线介质包括无线电波、微波通信、红外通信及卫星通信等。

2.7.1 同轴电缆

目前,在网络中应用得较多的有两类同轴电缆:50 Ω 的基带电缆和 75 Ω 的宽带电缆。基带电缆用来传输数字信号,因此在局域网中被广泛使用;基带同轴电缆又可分为粗缆和细缆。粗缆和细缆基本线段最长要求分别为 5 00m 和 200 m,信息传输距离最远分别为 2 500 m 和 1 000 m。

宽带电缆用于频分多路复用的模拟信号发送,较基带同轴电缆传输速率高,距离远(几十千米),但成本也高,常用于闭路电视的视频信号传输。

2.7.2 双绞线

双绞线 TP 是一种最常用的传输介质。双绞线由两根具有绝缘保护的铜导线组成。把两

图 2.11　双绞线

根绝缘铜导线按一定的密度互相扭绞在一起，可减少串扰及信号放射影响的程度，每一根导线在导电传输中放出的电波会被另一根线上发出的电波所抵消，如图 2.11 所示。

双绞线按其是否外加金属网丝套的屏蔽层，可分为屏蔽式双绞线（Shielded Twisted Pair，STP）和非屏蔽式双绞线（Unshielded Twis-ted Pair，UTP）两大类。

1）屏蔽式双绞线 STP

通过屏蔽层减少相互之间的电磁干扰；有 3 类和 5 类，带宽分别为 16 MHz 和 100 MHz，常用于对辐射要求严格的场合；具有抗电磁干扰能力强、传输质量高等优点，但也存在接地要求高、安装复杂、成本高的缺点。因此，屏蔽式双绞线的实际应用并不普遍。

2）非屏蔽式双绞线 UTP

通过对绞来减少或消除相互间的电磁干扰；有 3 类、4 类和 5 类，带宽分别为 16，20，100 MHz，常用作局域网传输介质，长度为 100 m；具有成本低、易弯曲、易安装、适于结构化布线等优点。因此，在一般的局域网建设中被普遍采用，但也存在传输时有信息辐射、容易被窃听的缺点。

双绞线的传输距离一般不超过 100 m，典型的数据传输速率为 10，100，150 Mbit/s，采用特殊技术甚至可达 1 000 Mbit/s。

双绞线一般用于点到点的连接。在低频传输时，双绞线的抗干扰性相当于或高于同轴电缆。但超过 10 ~ 100 kHz 时，同轴电缆就比双绞线明显优越。

双绞线与 RJ-45 接头连接标准有两个，分别为 EIA/TIA-568-A 标准和 EIA/TIA-568-B 标准。

2.7.3　光纤

光纤是目前发展最为迅速、应用广泛的传输介质。光纤是由玻璃或塑料制造的丝状物体，是一种能传输光束的通信媒体。一根或多根光纤组合在一起形成光缆。光纤就是利用光学原理传输信息的。

通信光纤分为单模光纤和多模光纤两种。

单模光纤的纤芯直径很小，一般为 4 ~ 10 μm，只允许同波长光的一种模式传输，无模式色散，因此传输频带很宽，传输容量大，传输质量高，但连接耦合较困难，成本较高。

多模光纤的直径较大，一般为 50 ~ 75 μm，允许同波长光的多种模式传输，存在模式色散现象，因此传输频带较窄，传输容量较小，但因其直径较大，耦合连接容易，成本较低，故应用较多。

光信号光纤传输的理论一般有两种：射线理论和模式理论。射线理论是把光看成射线，引用几何光学中反射和折射原理解释光在光纤中传播的物理现象；模式理论则把光波当成电磁波。把光纤看成光波导，用电磁场分布的模式来解释光在光纤中的传播现象。这种理论相同于微波波导理论，但光纤属于介质波导，与金属波导有区别。

光纤的纤芯用来传导光波，包层有较低的折射率。当光线从高折射率的介质射向低折射率的介质时，其折射角将大于入射角。如果折射角足够大，就会出现全反射，光线碰到包层时就会折射回纤芯，这个过程不断重复，光就会沿着光纤传输下去，光纤就是利用这一原理传输信息的，如图2.12所示。

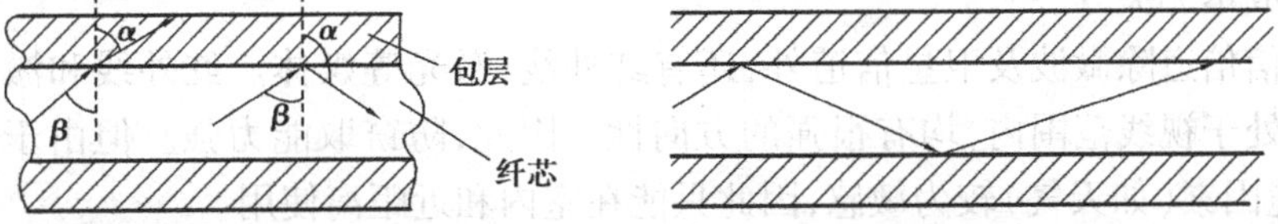

(a)折射角大于入射角　　(b)光波在纤芯中传播

图2.12　光线射入光缆和包层界面时的情况

α—折射角；β—入射角

一般都是把多根光纤组合在一起形成不同结构的光缆，因为光纤本身脆弱，易断裂，直接与外界接触易于产生接触伤痕，甚至被折断。

光纤按用途分类，可分为中继光缆、海底光缆、用户光缆及局内光缆。此外，还有专用光缆、军用光缆等；按结构分类，可分为层绞式光缆、单元式光缆、带状式光缆及骨架式光缆。

光纤的特点是：频带宽，传输速率高，传输距离远，抗冲击和电磁干扰性能好，数据保密性好，损耗和误码率低，可传输多种媒体的信息。同时，它也存在连接和分支困难、工艺和技术要求高、要配备光/电转换设备等缺点。

2.7.4　无线介质传输

1)无线电通信

无线电波可分为短波和微波。短波信号频率较低，传输时通信质量较差。计算机网络中使用的无线介质主要是微波。微波是一种频率很高的电磁波。

根据微波传输距地面的远近，可分为地面微波信道和空间微波信道。

地面微波信道即通常所说的微波。地面微波一般按直线传输，受各种因素的影响，微波在传输时也有不同程度的衰减和损耗。因此，当远距离传输时，要在微波信道的两个端点之间建立若干个中继站。经过多个中继站的“接力”，信息就被从发送端传输到接收端。

地面微波信道常用于电缆(或光缆)铺设不便的特殊地理环境或作为地面传输系统的备份和补充。

微波在地面的直线传输距离与微波的收发天线的高度有关，天线越高传输距离就越远。地面微波信道中继器间距离一般为40～60 km。微波的频率范围为300 MHz～300 GHz，主要使用的是2～40 GHz的频率范围。

地面微波信道的特点是频带宽，信道容量大，初建费用低，建设速度快，应用范围广，保密性能差，以及抗干扰性能差等。在互联网中，微波信道有时与有线介质混用。

2)卫星通信：同步卫星

空间微波信道主要是指卫星信道。实际上是使用人造地球卫星作为中继器构成的微波信道。通信卫星通常被定位在几万千米(如36 000 km)高空，卫星作为中继器可使信息的传输距离很远(几千至上万千米)。卫星通信已被广泛用于远程计算机网络中。

每个同步卫星可覆盖地球表面的1/3。卫星通信的地面站使用小口径天线终端设备VSAT(Very Small Aperture Terminal)来发送和接收数据。例如，国内很多证券公司显示的证券行情都是通过VSAT接收卫星通信广播信息，而证券的交易信息则是通过延迟小的数字数据网 DDN 专线或分组交换网进行转发的。

卫星信道的特点是通信容量极大，传输距离远，受自然环境影响大，一次性投资大，以及传输距离与成本无关等。

无线通信信道除微波及卫星信道外，还有红外线、激光等媒体。红外线和激光通信的收发设备必须处于视线范围内，均有很强的方向性。因此，防窃取能力强。但由于它们的频率太高，对环境因素（如天气）较为敏感，因此只能在室内和近距离使用。

2.7.5 传输介质的选择

传输介质的选择取决于许多因素，这些因素是：

①网络拓扑的结构。

②要支持实际需要所提出的通信容量。

③满足可靠性要求。

④能承受的价格范围。

双绞线的显著特点是价格便宜，但与同轴电缆相比，其带宽受到限制。对于在低通信容量的局域网来说，双绞线的性能价格比可能是最好的。同轴电缆的价格要比双绞线贵一些，对于大多数的局域网来说，需要连接较多设备且通信容量相当大时可选择同轴电缆，价格合理。

通信网络广泛采用数字传输技术，以得到高质量的传输性能。一般选用光纤作为传输介质，比之于同轴电缆和双绞线有一系列优点：频带宽，速度高，体积小，质量小，衰减小，能电磁隔离，误码率低。因此，它在国际和国内长途电话传输中的地位日趋重要，并已广泛用于高速数据通信网。随着光纤通信技术的发展，成本的降低，光纤作为局域网的传输介质也，得到普遍采用。

2.8 差错控制技术

在数据通信过程中，差错的产生是不可避免的。差错控制是要在数据通信过程中发现与纠正差错，将差错控制在尽可能小的范围内，保证数据通信的正常进行。

2.8.1 概述

1）差错及差错控制概念

差错就是在通信接收端收到的数据与发送端实际发出的数据不一致的现象。为了保证通信系统的传输质量，降低误码率，要采取差错控制措施。差错控制是为防止由于各种因素引起的信息传输错误或将错误限制在所允许的范围内而采取的措施。

噪声有两大类：随机噪声和冲击噪声。随机噪声引起随机差错，冲击噪声引起突发差错。随机噪声是通信信道上固有的、持续存在的噪声，如线路本身电气特性随机产生的信号幅度、频率、相位的畸变和衰减，电气信号在线路上产生反射造成的回音效应，相邻线路之间的串扰等。冲击噪声是由外界某种原因突发产生的噪声，如大气中的闪电、电源开关的跳火、外界强电磁干扰、电源的波动等。

2)差错产生的原因

差错产生的原因主要是:信道频率特性不理想形成的码间串扰(乘性干扰)和系统中各种噪声引起的误码(加性干扰)。

数据从信源出发,经过通信信道,由于通信信道噪声的存在,在到达信宿时接收到的信号将是有效信号与噪声的叠加。

在接收端,需要对信号电平进行判断,如果噪声对信号的叠加使得对电平的判决出现错误,就会引起传输差错,如数字信号"0"被判成了"1"。因此,差错产生的根本原因是信道的噪声。

信道的噪声分为热噪声和冲击噪声两类。

3)差错的类型

热噪声引起的传输差错,称为随机差错,由它所引起的信号某位码元的差错是独立的,与前后码元无关,带有随机性,这类差错造成的危害较小。

冲击噪声引起的传输差错,称为突发差错。冲击噪声持续时间比数据传输中每比特的发送时间可能要长,导致相邻多个数据位出错呈突发性,引起突发差错的位长称为突发长度。

4)差错控制方法

差错控制的主要目的是减少通信信道的传输错误,目前还不能做到检测和校正所有的错误。差错控制的方法是对发送的信息进行控制编码,即对需发送的信息位按照某种规则附加上一定的冗余位,构成一个码字后再发送;而在接收端对接收到的码字检查信息位和附加冗余位之间的关系,以确定信息位是否存在传输错误。

差错控制编码分为检错码与纠错码两种。

5)编码效率

衡量编码性能好坏的参数是编码效率 R。它定义为:有用信息位与传送的总码元位之比,即

$$R = \frac{k}{n} = \frac{k}{k+r} \tag{2.11}$$

式中 k——码字中有用信息位数;

r——编码时附加冗余位数;

n——编码后的总位数。

2.8.2 数据通信中的数据校验

从上文可知,异步串行通信过程中,由各种因素的干扰,发送的数据在传送过程中可能会发生变化,即出现发送和接收数据不一致的情况。因此,在通信过程中对传送的数据进行校验是非常必要的。

在计算机(包括单片机)数据通信的开发过程中常用的校验方法有奇偶校验、累加和校验及循环冗余码校验3种。

1)奇偶校验

奇偶校验码是最简单的检错码。发送数据时,在数据位末尾加上一位数据校验位。其原理是:让数据中1的个数与校验位中1的个数之和为奇数或偶数;为奇数时,称为奇校验;为偶数时,则称为偶校验。换句话说,奇校验时,如果数据中1的个数为奇数,则校验位为0;如

果数据中 1 的个数为偶数,则校验位为 1。偶校验时,如果数据中 1 的个数为奇数,则校验位为1;如果数据中 1 的个数为偶数,则校验位为 0。这样,接收方在接收数据位的同时,对接收到的数据位进行累加,最后和接收到的校验位进行“异或”运算就可确定是否出现错误。奇、偶校验因加上了 1 个校验位,会使数据传输速度有所下降。另外,当同时有偶数个数据位发生变化时,这种方法失效。

根据最后一位校验码元施加的方法,奇偶校验可分为垂直奇偶校验、水平奇偶校验和水平垂直奇偶校验 3 类。

(1)垂直奇偶校验编码规则

垂直奇偶校验的冗余位附加在每个码字后面。

设码字的信息位数为 p,发送的码字个数为 q,第 j 个码字的第 i 位取值为 I_{ij}(0 或 1),则第 j 个码字附加的冗余位 r_j 可由下式求得。

偶校验

$$r_j = I_{1j} + I_{2j} + I_{3j} + \cdots + I_{pj}(\mathrm{Mod}2) \tag{2.12}$$

奇校验

$$r_j = I_{1j} + I_{2j} + I_{3j} + \cdots + I_{p,j+1}(\mathrm{Mod}2) \tag{2.13}$$

垂直奇偶校验又称纵向奇偶校验,编码效率为 $R=p/(p+1)$。它能检测出每列中所有奇数个错,但检测不出偶数个错,因而对差错的检测率只有 1/2。

(2)水平奇偶校验编码规则

水平奇偶校验的冗余位单独组成一个码字,与信息位同时发送。设码字的信息位数为 p,发送的码字个数为 q,第 j 个码字的第 i 位取值为 I(0 或 1),则附加冗余码字的第 i 位 r_i,可由下式求得。

偶校验

$$r_i = I_{i1} + I_{i2} + I_{i3} + \cdots + I_{iq}(\mathrm{Mod}2) \tag{2.14}$$

奇校验

$$r_i = I_{i1} + I_{i2} + I_{i3} + \cdots + I_{i,q+1}(\mathrm{Mod}2) \tag{2.15}$$

水平奇偶校验又称横向奇偶校验,编码效率为 $R=q/(q+1)$。它不但能检测出各段同一位上的奇数个错,还能检测出突发长度 $\leqslant p$ 的所有突发错误。漏检率比垂直奇偶校验低。

(3)水平垂直奇偶校验编码规则

水平垂直奇偶校验将水平奇偶校验与垂直奇偶校验联合起来。冗余位的计算公式如下:

水平偶校验

$$R_{i,q+1} = I_{i1} + I_{i2} + I_{i3} + \cdots + I_{iq}(\mathrm{Mod}2) \quad (i=1,2,\cdots;p,j=1,2,\cdots,q) \tag{2.16}$$

垂直偶校验

$$R_{p+1,j} = I_{1j} + I_{2j} + I_{3j} + \cdots + I_{pj}(\mathrm{Mod}2) \quad (i=1,2,\cdots;p,j=1,2,\cdots,q) \tag{2.17}$$

水平垂直奇偶校验又称纵横奇偶校验,编码效率为 $R=pq/[(p+1)(q+1)]$。它能检测出所有 3 位或 3 位以下的错误、奇数个错、大部分偶数个错以及突发长度 $\leqslant p+1$ 的突发错误,可使误码率降低到原误码率的百分之一到万分之一。

2)累加和校验

所谓累加和校验,是指发送方将所发送的数据块按字节求和,并产生一个字节的校验码(校验和)附加到数据块末尾。接收方接收数据时也同时对数据块求和,最后将所得结果与发送方的校验和进行比较，相符则无差错；否则，即出现了差错。这种方法几乎不影响传送速度，在环境恶劣的场合，数据块不易过大。

3）循环冗余校验

循环冗余校验是通过循环冗余编码 CRC（Cyclic Redundancy Code）来实现差错检测的。

（1）CRC 的工作原理

在发送端，将要发送的数据比特序列当成一个多项式 $f(x)$ 的系数，用收发端预先约定的生成多项式 $G(x)$ 去除经过处理的该多项式，求得一个余数多项式 $R(x)$，将余数多项式的系数序列加到数据多项式的系数序列之后一起发送到接收端。

在接收端，同样用生成多项式 $G(x)$ 去除接收到的数据多项式 $f'(x)$，得到计算余数多项式，如果计算余数多项式与接收余数多项式相同，那么 $f'(x)$ 将被 $G(x)$ 除尽，则表示传输无差错；否则，由发送方重发数据。

（2）CRC 检错举例

设传送的数据信息位为 1011001，对应的发送数据多项式为

$$f(x) = x^6 + x^4 + x^3 + 1 \qquad (2.18)$$

为简单起见，选取生成多项式为

$$G(x) = x^4 + x^3 + 1 \qquad (2.19)$$

①最高次幂的值为 4，即冗余位长为 4，该生成多项式的对应代码是 11001。

②公式 $f(x) \cdot x^4 = x^{10} + x^8 + x^7 + x^4$ 的对应代码是 10110010000。

③公式 $f(x) \cdot x^4$ 除以 $G(x)$，由模 2 除法求余数多项式 $R(x)$，如图 2.13 所示。

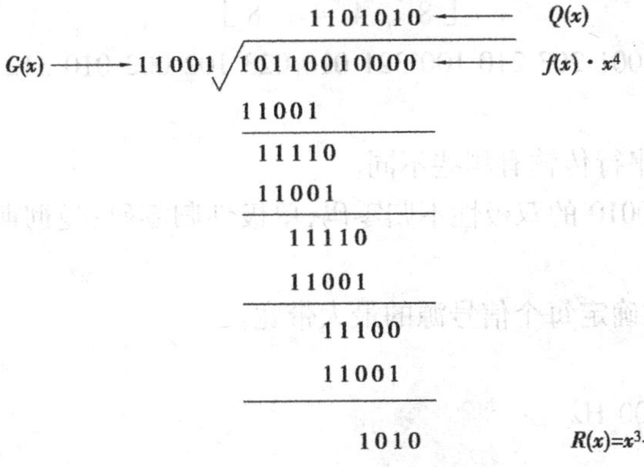

图 2.13　CRC 检错举例

④将公式 $f(x) \cdot x^k + R(x)$ 作为整体，从发送端发送出去比特序列 10110011010。

第 5 步：在接收端，若接收数据序列为 10110011010，则用同一生成多项式 $G(x)$ 去除，余数为 0。

（3）CRC 检错特点

①CRC 能检测出全部单个错。

②CRC 能检测出全部离散的两位错。

③CRC 能检测出全部奇数个错。

④CRC 能检测出全部长度小于或等于 k 位的突发错。

本章小结

本章讲述了数据通信的基本概念,包括数据、信息和信号的基本含义,介绍了数据通信系统的组成、数据通信方式和过程,特别对两种通信方式进行了详细的阐述。在数据传输技术及信源编码方面,着重介绍了数字数据的模拟信号编码、数字数据的数字信号编码和模拟数据的数字信号编码。最后还对数据多路复用技术、数据交换技术、网络传输介质及差错控制技术作了简单介绍。

思考题

1. 什么是数字通信?什么是数据通信?在数据通信中,采用模拟传输和数字传输各有什么优缺点?

2. 试分析数据通信与模拟通信、数字通信的联系。

3. 某离散信源由 0,1,2,3 这 4 种符号组成,其概率均为

$$\begin{bmatrix} 1 & 2 & 3 & 4 \\ \frac{3}{8} & \frac{1}{4} & \frac{1}{4} & \frac{3}{8} \end{bmatrix}$$

求消息 201 020 130 213 001 203 210 100 321 010 023 102 002 010 312 032 100 120 210 的信息量。

4. 比较并行传输和串行传输有哪些不同。

5. 绘出比特流 01100010 的双极性不归零码;单极性归零码;曼彻斯特码;传号差分码;差分曼彻斯特码的波形图。

6. 给定以下信息,试确定每个信号源的最大带宽。

A. FDM 多路复用

B. 总可用带宽=7 900 Hz

C. 3 个信号源

D. 每个信号源之间的防护带宽是 200 Hz

7. 试比较数据报与虚电路两种方式。

8. 一个系统使用两维奇偶校验。如果是偶校验,试写出下面两个数据单元的奇偶校验位。

10011001　　01101111

9. 余数是 111,数据单元为 10110011,除数是 1001,试验证其数据单元是否有差错。

10. 试写出二进制序列 100001110001 对应的多项式。

11. 某一数据通信系统采用 CRC 校验方式,并且生成多项式 $G(x)$ 的二进制比特序列为 11001,目的节点接收到的二进制比特序列为 1101010011(含 CRC 校验码)。请结合 CRC 校验的工作原理,判断并使用模 2 除法,说明传输过程中是否出现了错误。

第3章 工业控制计算机网络基础知识

信息网络技术的迅猛发展正深刻地改变着人们的工作方式和生活方式,特别是对企业的信息化和自动化发展也产生着巨大的影响。企业的信息化能有效提高企业的生产、经营、管理质量与效率,从而提高企业的市场竞争能力与可持续发展能力。在企业信息化和自动化领域,计算机技术、控制技术 、网络与信息技术的结合,孕育了控制网络技术的产生。企业信息化的发展,迫切需要一个开放的、统一的、有效的并具有较强可持续发展能力的网络通信平台来支撑。

本章介绍基本的工业控制网络和计算机网络知识,使读者了解工业控制网络和计算机网络的基本概念和网络通信协议。

3.1 工业控制网络的发展

工业控制网络技术是在工业生产现代化要求下提出与发展起来的,与计算机技术、控制技术和网络技术的发展密切相关。

工业数据通信与控制网络是近年来发展形成的自控领域的网络技术,是计算机网络、通信技术与自控技术结合的产物。它适应了企业信息集成系统、管理控制一体化系统的发展趋势与需要,是 IT 技术在自控领域的延伸。工业数据通信是形成控制网络的基础和支撑条件,是控制网络技术的重要组成部分。

工业控制网络技术的发展分为以下 4 个阶段:

1) 直接数字控制(DDC)

直接数字可控制是以数字仪表取代模拟仪表的控制方式。它的优点是提高了系统的控制精度和控制的灵活性。这是比较原始的控制方式,还谈不上完善的网络控制功能。

2) 分层控制系统

20 世纪 80 年代中期,随着工业系统的日益复杂,控制回路的进一步增多,单一的数字控制系统已不能满足现场的生产控制要求和生产工作的管理要求;同时,中小型计算机和微机的性价比有了很大的提高,于是分层控制系统应运而生。分层控制系统实现了控制功能和管理信息的分离,它以微机作为前置机去对工业设备进行过程控制,而以中小型计算机对生产工作进行管理。但是,当控制回路数目增加时,前置机及其与工业设备的通信要求就会急剧增加,从而导致这种控制系统的通信变得相当复杂,使系统的可靠性大大降低。由中小型计算机和微机共同作用,微机作为前置机进行过程控制,中小型计算机对生产过程进行管理。它的优点是实现了控制功能和管理信息的分离;缺点是控制回路数目增加,通信要求就会急剧增加,使控制系统的通信变得复杂,可靠性降低。

3)**集散控制系统**(DCS)

随着计算机网络技术的迅猛发展,人们将计算机网络技术应用到了控制系统的前置机以及前置机和上位机之间的数据传输中。前置机仍然完成自己的控制功能,但它与上位机之间的数据传输采用计算机网络实现。另外,上位机增加了系统网络的配置功能,这样的控制系统称为集散控制系统。集散控制系统是计算机网络技术在控制系统中的应用成果,提高了系统的可靠性和可维护性,然而不可忽视的是,集散控制系统采用的是普通商业 网络的通信协议和网络结构,在解决工业控制系统的自身可靠性方面没做出实质性的改进,为加强抗干扰和可靠性,采用了冗余结构,从而提高了控制系统的成本;另外,集散控制系统不具备开放性,且布线复杂,费用高。

4)**现场总线**(FCS)

人们针对集散控制系统的缺点,在集散控制系统的基础上开始开发一种适用于工业环境的网络结构和网络协议,并实现传感器和控制器层的通信,这就是现场总线。由于现场总线从根本上解决了网络控制系统的自身可靠性问题,现场总线技术逐渐成为网络化控制系统的发展趋势,适用于工业环境的网络结构和网络协议,并实现传感器、控制器层的通信。它的优点是从根本上解决了网络控制系统的自身可靠性问题。但需要制订协议,即两台计算机通信时,对传送信息内容的理解、信息表示形式以及各种情况下的应答信号都必须遵循一个共同的约定,此即协议。

3.2 通用计算机网络概述

3.2.1 计算机网络的概念和功能

计算机网络是现代通信技术与计算机技术相结合的产物。所谓计算机网络,就是把分布在不同地理区域的计算机与专门的外部设备用通信线路互联成一个规模大、功能强的网络系统,从而使众多的计算机可方便地互相传递信息,共享硬件、软件、数据信息等资源。

计算机网络最主要的功能是资源共享和通信,除此之外,还有负荷均衡、分布处理和提高系统安全与可靠性等功能。

3.2.2 计算机网络的基本组成

计算机网络是一个非常复杂的系统。网络的组成,根据应用范围、目的、规模、结构以及采用的技术不同而不尽相同,但计算机网络都必须包括硬件和软件两大部分。网络硬件提供的是数据处理、数据传输和建立通信通道的物质基础,而网络软件是真正控制数据通信的。软件的各种网络功能需依赖于硬件去完成。二者缺一不可。计算机网络的基本组成要包括下面4部分,常称计算机网络的四大要素。

1)计算机系统

建立两台以上具有独立功能的计算机系统是计算机网络的第一个要素,计算机系统是计算机网络的重要组成部分,是计算机网络不可缺少的硬件元素。计算机网络连接的计算机可以是巨型机、大型机、小型机、工作站或微机,以及笔记本式计算机或其他数据终端设备(如终端服务器)。

计算机系统是网络的基本模块,是被连接的对象。它的主要作用是负责数据信息的收集、处理、存储、传播和提供共享资源。在网络上可共享的资源包括硬件资源(如巨型计算机、高性能外围设备、大容量磁盘等)、软件资源(如各种软件系统、应用程序、数据库系统等)和信息资源。

2)通信线路和通信设备

计算机网络的硬件部分除了计算机本身以外,还要有用于连接这些计算机的通信线路和通信设备,即数据通信系统。通信线路分有线通信线路和无线通信线路。有线通信线路指的是传输介质及其介质连接部件,包括光纤、同轴电缆、双绞线等;无线通信线路是指以无线电、微波、红外线和激光等作为通信线路。通信设备指网络连接设备、网络互联设备,包括网卡、集线器(hub)、中继器(repeater)、交换机(switch)、网桥(bridge)、路由器(router)以及调制解调器(modem)等其他的通信设备。使用通信线路和通信设备将计算机相互联接起来,在计算机之间建立一条物理通道,可以传输数据。通信线路和通信设备负责控制数据的发出、传送、接收或转发,包括信号转换、路径选择、编码与解码、差错校验、通信控制管理等,以完成信息交换。通信线路和通信设备是连接计算机系统的桥梁,是数据传输的通道。

3)网络协议

协议是指通信双方必须共同遵守的约定和通信规则,如TCP/IP协议、NetBEUI协议、IPX/SPX协议。它是通信双方关于通信如何进行所达成的协议。例如,用什么样的格式表达、组织和传输数据,如何校验和纠正信息传输中的错误,以及传输信息的时序组织与控制机制等。现代网络都是层次结构,协议规定了分层原则、层次间的关系、执行信息传递过程的方向、分解与重组等约定。在网络上通信的双方必须遵守相同的协议,才能正确地交流信息,就像人们谈话要用同一种语言一样;如果谈话时使用不同的语言,就会造成相互之间谁都听不懂谁在说什么的问题,那么将无法进行交流。因此,协议在计算机网络中是至关重要的。

一般来说,协议的实现是由软件和硬件分别或配合完成的,有的部分由互联网设备来承担。

4)网络软件

网络软件是一种在网络环境下使用和运行或者控制和管理网络工作的计算机软件。根据软件的功能,计算机网络软件可分为网络系统软件和网络应用软件两大类型。

(1)网络系统软件

网络系统软件是控制和管理网络运行、提供网络通信、分配和管理共享资源的网络软件。它包括网络操作系统、网络协议软件、通信控制软件及管理软件等。

网络操作系统NOS(Network Operating System)是指能对局域网范围内的资源进行统一调度和管理的程序。它是计算机,网络软件的核心程序,是网络软件系统的基础。

网络协议软件(如TCP/IP协议软件)是实现各种网络协议的软件。它是网络软件中最重要的核心部分,任何网络软件都要通过协议软件才能发生作用。

(2)网络应用软件

网络应用软件是指为某一个应用目的而开发的网络软件(如远程教学软件、电子图书馆软件、Internet 信息服务软件等)。网络应用软件为用户提供访问网络的手段、网络服务、资源共享和信息的传输。

3.2.3 计算机网络的拓扑结构

网络拓扑结构是计算机、网络节点和通信链路所组成的几何形状。计算机网络有很多种拓扑结构。最常用的网络拓扑结构有总线型结构、环形结构、星形结构、树形结构、网状结构及混合型结构。

拓扑学(topology)是几何学中用来研究点、线、面组成几何图形的方法。它将物理实体抽象成与物理实体的大小、位置和形状无关的点,将与实体相连接的线路抽象成线。一般用拓扑的方法来研究计算机网络的结构,将计算机网络中节点与通信链路之间的几何关系表示成网络结构,这些节点和链路所组成的几何图形就是计算机网络的拓扑结构。网络的拓扑结构对计算机网络的稳定性、可靠性和通信费用都有重大的影响。例如,计算机网络设计和安装完成后,可能需要添加或移动某些网络用户,这些用户可能在同一楼层的相同或不同的办公室中,也可能在其他楼层或其他大楼内,在这种情况下,不同计算机,网络的拓扑结构的扩展性能是大不相同的。在设计和选择使用何种网络拓扑结构时,应考虑组网的主要用途,今后是否需要扩大网络的规模,以及是否有其他网络要与这个网络连接。

1)总线型结构

总线型结构采用一条单根的通信线路(总线)作为公共的传输通道,所有的节点都通过相应的接口直接连接到总线上,并通过总线进行数据传输。例如,在一根电缆上连接了组成网络的计算机或其他共享设备(如打印机等),如图 3.1 所示。

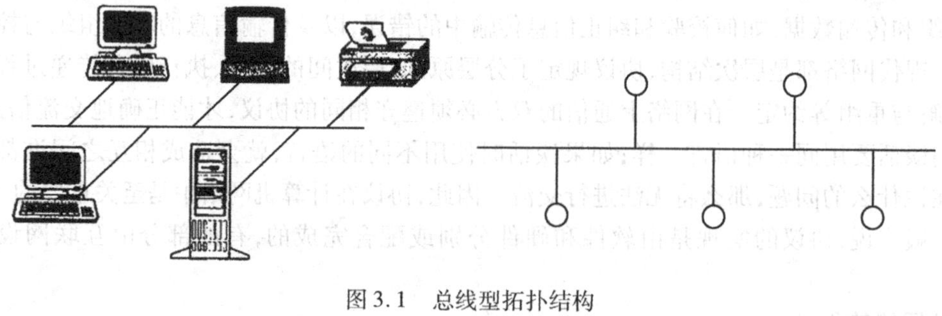

图 3.1　总线型拓扑结构

由于单根电缆仅支持一种信道。因此,连接在电缆上的计算机和其他共享设备共享电缆的所有容量。连接在总线上的设备越多,网络发送和接收数据就越慢。

总线型网络使用广播式传输技术,总线上的所有节点都可发送数据到总线上,数据沿总线传播。但是,由于所有节点共享同一条公共通道,因此在任何时候只允许一个站点发送数据。当一个节点发送数据,并在总线上传播时,数据可以被总线上的其他所有节点接收。各站点在接收数据后,分析目的物理地址再决定是否接收该数据。粗细同轴电缆以太网就是这种结构的典型代表。

总线型拓扑结构具有以下特点:

①结构简单、灵活,易于扩展;共享能力强,便于广播式传输。

②网络响应速度快,但负荷重时性能迅速下降;局部站点故障不影响整体,可靠性较高。但是,总线出现故障,则将影响整个网络。

③易于安装,费用低。

2)环形结构

环形结构是各个网络节点通过环接口连在一条首尾相接的闭合环形通信线路中,如图3.2所示。每个节点设备只能与它相邻的一个或两个节点设备直接通信。如果要与网络中的其他节点通信,数据需要依次经过两个通信节点之间的每个设备。环形网络既可以是单向的,也可以是双向的。单向环形网络的数据绕着环向一个方向发送,数据所到达的环中的每个设备都将数据接收,经再生放大后将其转发出去,直到数据到达目标节点为止。双向环形网络中的数据能在两个方向上进行传输,因此设备可与两个邻近节点直接通信。如果一个方向的环中断了,数据还可在相反的方向在环中传输,最后到达其目标节点。

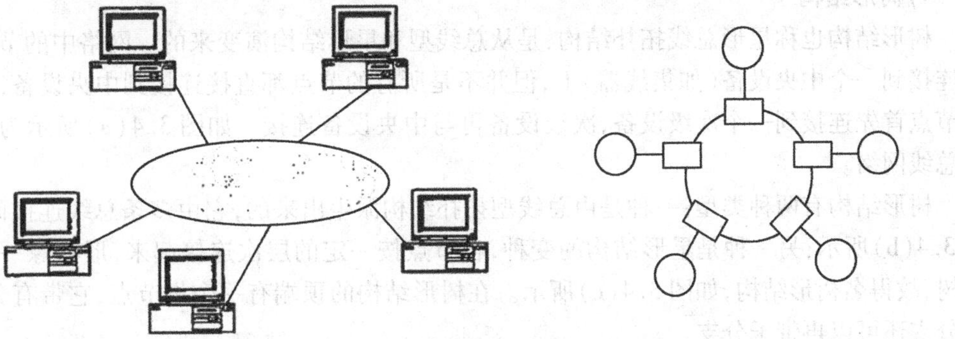

图3.2 环形拓扑结构

环形结构有两种类型,即单环结构和双环结构。令牌环(token ring)是单环结构的典型代表,光纤分布式数据接口(FDDI)是双环结构的典型代表。

环形拓扑结构具有以下特点:

①在环形网络中,各工作站之间无主从关系,结构简单;信息流在网络中沿环单向传递,延迟固定,实时性较好。

②两个节点之间仅有唯一的路径,简化了路径选择,但可扩充性差。

③可靠性差,任何线路或节点的故障,都有可能引起全网故障,且故障检测困难。

3)星形结构

星形结构的每个节点都由一条点对点链路与中心节点(公用中心交换设备,如交换机、集线器等)相连,如图3.3所示。星形网络中的一个节点如果向另一个节点发送数据,首先将数据发送到中央设备,然后由中央设备将数据转发到目标节点。信息的传输是通过中心节点的存储转发技术实现的,并且只能通过中心节点与其他节点通信。星形网络是局域网中最常用的拓扑结构。

星形拓扑结构具有以下特点:

①结构简单,便于管理和维护;易实现结构化布线;结构易扩充,易升级。

②通信线路专用,电缆成本高。

③星形结构的网络由中心节点控制与管理,中心节点的可靠性基本上决定了整个网络的

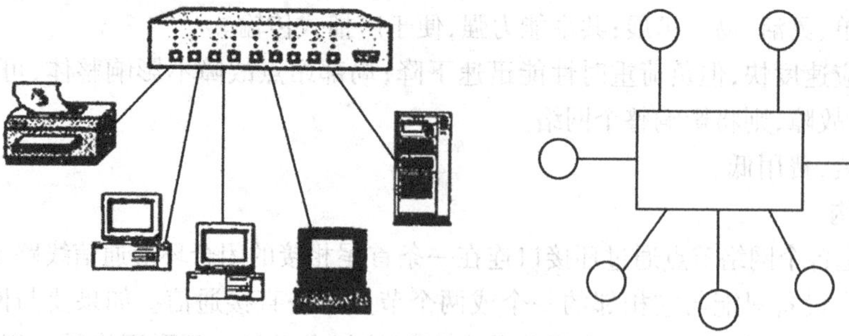

图 3.3　星形拓扑结构

可靠性。

④中心节点负担重，易成为信息传输的瓶颈，且中心节点一旦出现故障，会导致全网瘫痪。

4）树形结构

树形结构也称星形总线拓扑结构，是从总线型和星形结构演变来的。网络中的节点设备都连接到一个中央设备（如集线器）上，但并不是所有的节点都直接连接到中央设备，大多数的节点首先连接到一个次级设备，次级设备再与中央设备连接。如图 3.4（a）所示为一个星形总线网络。

树形结构有两种类型：一种是由总线型拓扑结构派生出来的，它由多条总线连接而成，如图 3.4（b）所示；另一种是星形结构的变种，各节点按一定的层次连接起来，形状像一棵倒置的树，故得名树形结构，如图 3.4（c）所示。在树形结构的顶端有一个根节点，它带有分支，每个分支还可以再带子分支。

树形拓扑结构的主要特点如下：

①易于扩展，故障易于隔离，可靠性高；电缆成本高。

②对根节点的依赖性大，一旦根节点出现故障，将导致全网不能工作。

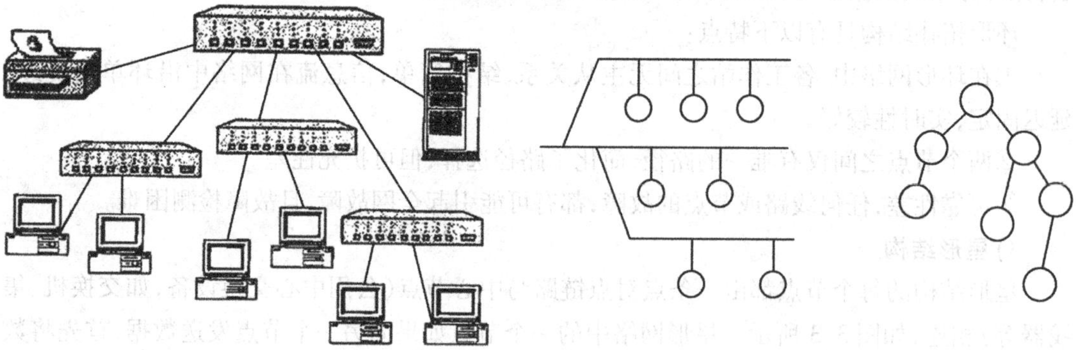

(a)星形总线网络　　(b)由总线结构派生　　(c)树形结构

图 3.4　树形拓扑结构

5）网状结构与混合型结构

网状结构是指将各网络节点与通信线路连接成不规则的形状，每个节点至少与其他两个节点相连，或说每个节点至少有两条链路与其他节点相连，如图 3.5 所示。大型互联网一般都采用这种结构，如我国的教育科研网 CERNET（见图 3.6）、Internet 的主干网都采用网状结构。

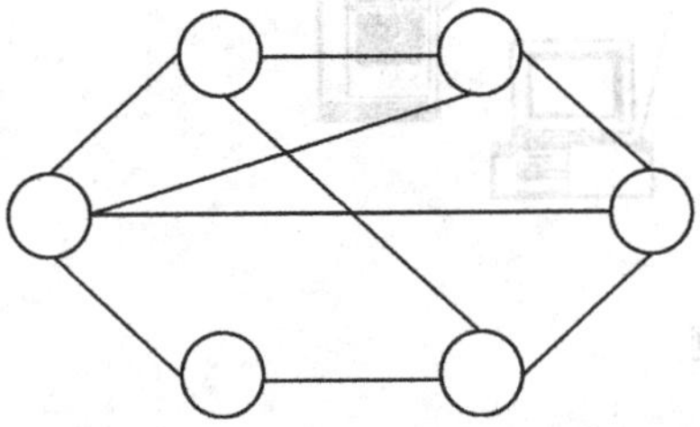

图 3.5　网状拓扑结构

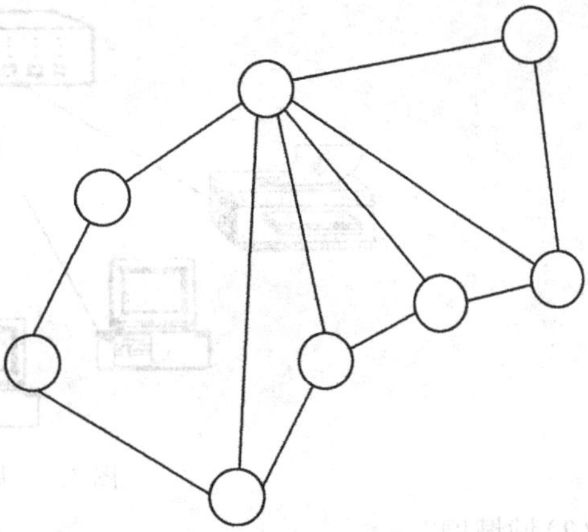

图 3.6　CERNET 主干网拓扑结构

网状拓扑结构具有以下主要特点：

①可靠性高；结构复杂，不易管理和维护；线路成本高；适用于大型广域网。

②因为有多条路径，所以可以选择最佳路径，减少时延，改善流量分配，提高网络性能，但路径选择比较复杂。

③混合型结构是由上述几种拓扑结构混合而成的。例如，环星形结构是令牌环网和 FDDI 网常用的结构。又如，总线型和星形的混合结构等。

3.2.4　计算机网络的分类

到目前为止，计算机网络还没有一种被普遍认同的分类方法，但按网络覆盖的地理范围分类和按传输技术分类是其中最重要的分类方法。

刚接触网络时，会看到各种各样的网络类型，如局域网、广域网、以太网、互联网、Novell 网等，而且经常是对某一种网络有多种说法，使人们很容易混淆，不知哪一种说法是正确的。

其实这些说法都没错，因为计算机网络可以有不同的分类方法，如按网络覆盖的地理范围分类、按网络控制方式分类、按网络的拓扑结构分类、按网络协议分类、按传输介质分类、按所使用的网络操作系统分类、按传输技术分类和按使用范围分类等。

1）局域网、城域网和广域网

按照网络覆盖的地理范围的大小，可将网络分为局域网、城域网和广域网 3 种类型。这也是网络最常用的分类方法。

（1）局域网

局域网 LAN（Local Area Network）是将较小地理区域内的计算机或数据终端设备连接在一起的通信网络。局域网覆盖的地理范围比较小，一般在几十米到几千米之间。它常用于组建一个办公室、一栋楼、一个楼群、一个校园或一个企业的计算机网络。局域网可由一个建筑物内或相邻建筑物的几百台至上千台计算机组成，也可小到连接一个房间内的几台计算机、打印机和其他设备。局域网主要用于实现短距离的资源共享。如图 3.7 所示为一个由几台计算机和打印机组成的典型局域网。

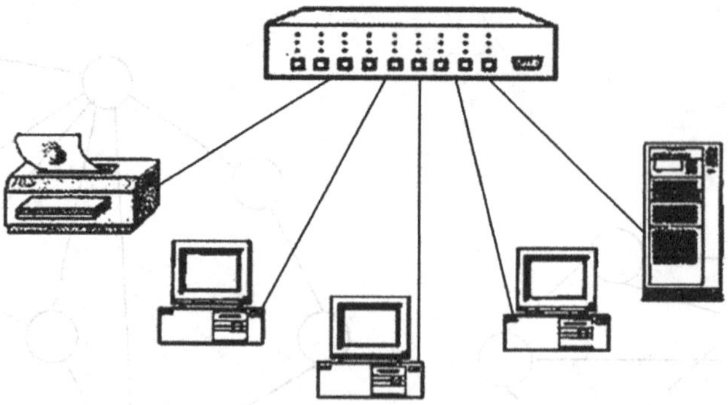

图 3.7　局域网示例

(2)城域网

城域网 MAN(Metropolitan Area Network)是一种大型的 LAN,它的覆盖范围介于局域网和广域网之间,一般为几千米至几万米,城域网的覆盖范围在一个城市内,它将位于一个城市之内不同地点的多个计算机局域网连接起来实现资源共享。城域网所使用的通信设备和网络设备的功能要求比局域网高,以便有效地覆盖整个城市的地理范围。一般在一个大型城市中。城域网可将多个学校、企事业单位、公司和医院的局域网连接起来共享资源。如图 3.8 所示为不同建筑物内的局域网组成的城域网。

(3)广域网

广域网 WAN(Wide Area Network)是在一个广阔的地理区域内进行数据、语音、图像信息传输的计算机网络。由于远距离数据传输的带宽有限,因此,广域网的数据传输速率比局域网要慢得多。广域网可覆盖一个城市、一个国家甚至于全球。因特网(Internet)是广域网的一种,但它不是一种具体独立性的网络,它将同类或不同类的物理网络(局域网、广域网与城域网)互联,并通过高层协议实现不同类网络间的通信。如图 3.9 所示为一个简单的广域网。

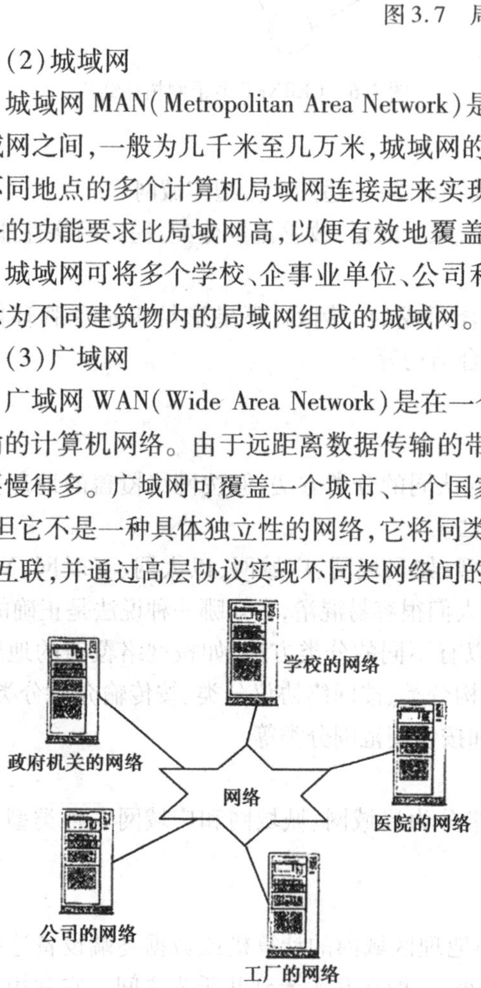

图 3.8　城域网示例

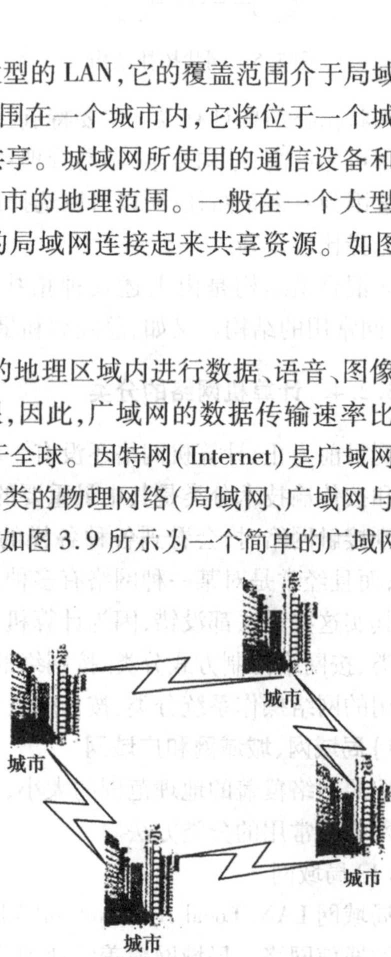

图 3.9　广域网示例

2)广播式网络与点对点网络

根据所使用的传输技术,可以将网络分为广播式网络和点对点网络。

(1)广播式网络

在广播式网络中仅使用一条通信信道,该信道由网络上的所有节点共享。在传输信息时,任何一个节点都可发送数据分组,传到每台机器上,被其他所有节点接收。这些机器根据数据包中的目的地址进行判断，如果是发给自己的则接收，否则便丢弃它。总线型以太网就是典型的广播式网络。

(2)点对点网络

与广播式网络相反，点对点网络由许多互相连接的节点构成，在每对机器之间都有一条专用的通信信道。因此，在点对点的网络中，不存在信道共享与复用的情况。当一台计算机发送数据分组后，它会根据目的地址，经过一系列的中间设备的转发，直至到达目的节点，这种传输技术称为点对点传输技术，采用这种技术的网络称为点对点网络。

3.3　计算机网络体系结构与协议

计算机网络体系结构是指计算机网络层次结构模型和各层协议的集合，即计算机网络及其部件所应实现的功能的定义和抽象。计算机网络中实现通信必须有一些约定，即网络协议。因此，网络协议就是对数据交换的速率、传输代码、代码结构、传输控制步骤、出错控制等制订的标准。它是计算机网络中不可缺少的组成部分。

网络协议主要有 3 个组成部分：语义是对协议元素的含义进行解释，不同类型的协议元素所规定的语义是不同的，如需要发出何种控制信息、完成何种动作及得到的响应等；语法是将若干个协议元素和数据组合在一起用来表达一个完整的内容所应遵循的格式，即对信息的数据结构做一种规定，如用户数据与控制信息的结构与格式等；时序是对事件实现顺序的详细说明，如在双方进行通信时发送点发出一个数据报文，如果目标点正确收到则回答源点接收正确，若接收到错误的信息，则要求源点重发一次。

20 世纪 70 年代，计算机工业的迅速发展，各大计算机生产厂家都推出各自的计算机软硬件系列产品，计算机互联和远程数据交换促使它们研究通信设备和通信协议，并纷纷推出自己的网络体系结构。尽管这些网络体系结构大多采用了分层结构，但它们自成体系，各个厂家的通信系统所使用的信息格式和控制机制不一致，彼此之间互不兼容，这给用户使用不同厂家计算机实现互联、互操作，构建适合自己应用的计算机网络带来极大不便。因此，用户特别希望出现一个开放的、通用的标准来规范计算机网络体系结构。

1977 年，国际标准化组织(ISO)为适应网络标准化的发展趋势，在研究分析已有的网络结构经验的基础上，开始研究“开放系统互联”(OSI)问题。ISO 于 1984 年公布了“开放系统互联基本参考模型”的正式文件，即 OSI 参考模型 OSI/RM(Open System Interconnection/Reference Model)。OSI/RM 已被国际社会广泛地认可。它对推动计算机网络的理论与技术的发展，对统一网络体系结构和协议并实现不同网络之间的互联起到了积极的作用。从此，计算机网络进入了标准化网络阶段。

3.3.1　ISO/OSI 参考模型

OSI 包括了体系结构、服务定义和协议规范 3 级抽象。OSI 的体系结构定义了一个七层模型，用以进行进程间的通信，并作为一个框架来协调各层标准的制订；OSI 的服务定义描述了各层所提供的服务，以及层与层之间的抽象接口和交互用的服务原语；OSI 各层的协议规范，精确地定义了应当发送何种控制信息及何种过程来解释该控制信息。

大多数的计算机网络都采用层次式结构,即将一个计算机网络分为若干层次,处在高层次的系统仅是利用较低层次的系统提供的接口和功能,不需了解低层实现该功能所采用的算法和协议;较低层次也仅是使用从高层系统传送来的参数,这就是层次间的无关性。因为有了这种无关性,层次间的每个模块可用一个新的模块取代,只要新的模块与旧的模块具有相同的功能和接口,即使它们使用的算法和协议都不一样。

1)网络协议的层次结构及其分层原则

层次方式是指在制订协议时,把复杂成分分解成一些简单成分,再将它们复合起来的复合技术。

分层原则是:信宿机第 n 层接收到的对象应与信源机第 n 层发出的对象完全一致。

层次结构的特征如下:

①结构中的每一层都规定有明确的任务及接口标准。

②把用户的应用程序作为最高层。

③除了最高层外,中间的每一层都向上一层提供服务,又是下一层的用户。

④把物理通信线路作为最低层。它使用从最高层传送来的参数,是提供服务的基础。

2)协议层次的划分

需要强调的是,OSI 参考模型并非具体实现的描述,它只是一个为制订标准机而提供的概念性框架。在 OSI 中,只有各种协议是可以实现的,网络中的设备,只有与 OSI 和有关协议相一致时才能互联。

OSI 七层模型从下到上分别为物理层 PH(Physical Layer)、数据链路层 DL(Data Link Layer)、网络层 N(Network Layer)、传输层 T(Transport Layer)、会话层 S(Session Layer)、表示层 P(Presentation Layer)及应用层 A(Application Layer),如图 3.10 所示。

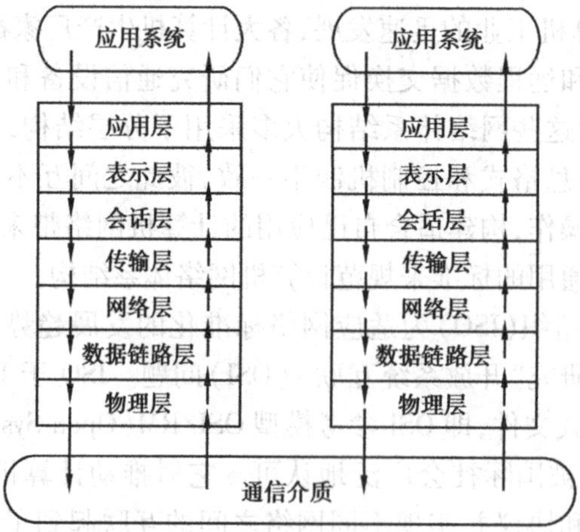

图 3.10　OSI 七层模型

3.3.2　七层协议的作用

1)物理层

物理层是 OSI 的第一层,它虽然处于最底层,却是整个开放系统的基础。物理层为设备之间的数据通信提供传输媒体及互联设备,为数据传输提供可靠的环境。

(1)媒体和互联设备

物理层的媒体包括架空明线、平衡电缆、光纤、无线信道等。通信用的互联设备是指 DTE 和 DCE 间的互联设备。DTE 既称数据终端设备,又称物理设备,如计算机、终端等都包括在内。而 DCE 则是数据通信设备或电路连接设备,如调制解调器等。数据传输通常是经过 DTE-DCE,再经过 DCE-DTE 的路径。互联设备指将 DTE,DCE 连接起来的装置,如各种插头、插座。LAN 中的各种粗细同轴电缆、T 形接插头、接收器、发送器、中继器等都属物理层的媒体和连接器。

(2)物理层的主要功能

①为数据端设备提供传送数据的通路。数据通路可以是一个物理媒体,也可以是多个物理媒体连接而成。一次完整的数据传输,包括激活物理连接、传送数据、终止物理连接。所谓激活,就是不管有多少物理媒体参与,都要在通信的两个数据终端设备间连接起来,形成一条通路。

②传输数据。物理层要形成适合数据传输需要的实体,为数据传送服务。一是要保证数据能在其上正确通过,二是要提供足够的带宽(带宽是指每秒钟内能通过的比特数),以减少信道上的拥塞。传输数据的方式能满足点到点、一点到多点、串行或并行、半双工或全双工、同步或异步传输的需要。

2)数据链路层

数据链路可粗略地理解为数据通道。物理层要为终端设备间的数据通信提供传输媒体及其连接。媒体是长期的,连接是有生存期的。在连接生存期内,收发两端可进行不等的一次或多次数据通信。每次通信都要经过建立通信联络和拆除通信联络两过程。这种建立起来的数据收发关系称为数据链路。而在物理媒体上传输的数据难免受到各种不可靠因素的影响而产生差错,为了弥补物理层上的不足,为上层提供无差错的数据传输,就要能对数据进行检错和纠错。数据链路的建立、拆除,以及对数据的检错、纠错是数据链路层的基本任务。

(1)链路层的主要功能

链路层是为网络层提供数据传送服务的,这种服务要依靠本层具备的功能来实现。链路层应具备以下功能:

①链路连接的建立、拆除、分离。

②帧定界和帧同步。链路层的数据传输单元是帧,协议不同,帧的长短和界面也有差别,但无论如何必须对帧进行定界。

③顺序控制,是指对帧的收发顺序的控制。

④差错检测和恢复,还有链路标志、流量控制等。差错检测多用方阵码校验和循环码校验来检测信道上数据的误码,而帧丢失等用序号检测。各种错误的恢复则常靠反馈重发技术来完成。

(2)链路层产品

独立的链路产品中最常见的当属网卡,网桥也是链路产品。modem 的某些功能有人认为属于链路层,对这些还有争议。数据链路层将本质上不可靠的传输媒体也成可靠的传输通路提供给网络层。在 IEEE 802.3 情况下,数据链路层分成了两个子层:一个是逻辑链路控制,另一个是媒体访问控制。

3）网络层

网络层的产生也是网络发展的结果。在联机系统和线路交换的环境中，网络层的功能没有太大意义。当数据终端增多时，它们之间有中继设备相连。此时，会出现一台终端要求不只是与唯一的一台终端而是能和多台终端通信的情况，这就是产生把任意两台数据终端设备的数据链接起来的问题，也就是路由或称寻径。另外，当一条物理信道建立之后，被一对用户使用，往往有许多空闲时间被浪费掉。人们自然会希望让多对用户共用一条链路，为解决这一问题就出现了逻辑信道技术和虚拟电路技术。

网络层为建立网络连接和为上层提供服务。它应具备以下主要功能：

①路由选择和中继。

②激活，终止网络连接。

③在一条数据链路上复用多条网络连接，多采取分时复用技术。

④差错检测与恢复。

⑤排序，流量控制。

⑥服务选择。

⑦网络管理。

在具有开放特性的网络中的数据终端设备，都要配置网络层的功能。现在市场上销售的网络硬设备主要有网关和路由器。

4）传输层

传输层是两台计算机经过网络进行数据通信时，第一个端到端的层次，具有缓冲作用。当网络层服务质量不能满足要求时，它将提高服务，以满足高层的要求；当网络层服务质量较好时，它只用于很少的工作。传输层还可进行复用，即在一个网络连接上创建多个逻辑连接。传输层也称为运输层。传输层只存在于端开放系统中，是介于低三层通信子网系统和高三层之间的一层，但是很重要的一层，因为它是源端到目的端对数据传送进行控制从低到高的最后一层。

有一个既存事实，即世界上各种通信子网在性能上存在着很大差异。例如，电话交换网、分组交换网、公用数据交换网、局域网等通信子网都可互联，但它们提供的吞吐量、传输速率、数据延迟通信费用各不相同。对于会话层来说，却要求有一性能恒定的界面。传输层就承担这一功能。它采用分流/合流和复用/解复用技术来调节上述通信子网的差异，使会话层感受到。

此外，传输层还要具备差错恢复、流量控制等功能，以此应对会话层屏蔽通信子网在这些方面的细节与差异。传输层面对的数据对象已不是网络地址和主机地址，而是传输层和会话层的界面端口。上述功能的最终目的是为会话提供可靠的、无误的数据传输。传输层的服务一般要经历传输连接建立阶段、数据传送阶段和传输连接释放阶段 3 个阶段才算完成一个完整的服务过程。而在数据传送阶段又分为一般数据传送和加速数据传送两种。传输层服务分为 5 种类型，基本可以满足对传送质量、传送速度及传送费用的各种需要。

5）会话层

会话层提供的服务可使应用建立和维持会话，并能使会话获得同步。会话层使用校验点可使通信会话在通信失效时从校验点继续恢复通信。这种能力对传送大的文件极为重要。

会话层、表示层和应用层构成开放系统的高三层，面对应用进程提供分布处理、对话管理、信息表示以及恢复最后的差错等。会话层同样要担负应用进程服务要求，而运输层不能完成的那部分工作，给运输层功能差距予以弥补。其主要的功能是对话管理、数据流同步和重新同步。要完成这些功能，需要由大量的服务单元功能组合，已制订的功能单元有几十种。会话层的主要功能如下：

(1)为会话实体间建立连接

为给两个对等会话服务用户建立一个会话连接，应做以下工作：

①将会话地址映射为运输地址。

②选择需要的运输服务质量参数(QOS)。

③对会话参数进行协商。

④识别各个会话连接。

⑤传送有限的透明用户数据。

(2)数据传输阶段

这个阶段是在两个会话用户之间实现有组织的、同步的数据传输。用户数据单元为 SS-DU，而协议数据单元为 SPDU。会话用户之间的数据传送过程是将 SSDU 转变成 SPDU。

(3)连接释放

连接释放是通过"有序释放""废弃""有限量透明用户数据传送"等功能单元来释放会话连接的。会话层标准为了使会话连接建立阶段能进行功能协商，也为了便于其他国际标准参考和引用，定义了 12 种功能单元。各个系统可根据自身情况和需要，以核心功能服务单元为基础，选配其他功能单元组成合理的会话服务子集。会话层的主要标准有"DIS8236：会话服务定义"和"DIS8237：会话协议规范"。

6)表示层

表示层的作用之一是为异种机通信提供一种公共语言，以便能进行互操作。这种类型的服务之所以需要，是因为不同的计算机体系结构使用的数据表示法不同。例如，IBM 主机使用 EBCDIC 编码，而大部分 PC 机使用的是 ASCII 码。在这种情况下，便需要会话层来完成这种转换。

通过前面的介绍可以看出，会话层以上 5 层完成了端到端的数据传送，并且是可靠、无差错的传送。但是，数据传送只是手段而不是目的，最终是要实现对数据的使用。由于各种系统对数据的定义并不完全相同，最易明白的例子是键盘，其上的某些键的含义在许多系统中都有差异。这自然给利用其他系统的数据造成了障碍，表示层和应用层就担负了消除这种障碍的任务。

对于用户数据来说，可从两个侧面来分析：一是数据含义被称为语义；二是数据的表示形式，称为语法。像文字、图形、声音、文种、压缩、加密等都属于语法范畴。表示层设计了 3 类 15 种功能单位，其中上下文管理功能单位就是沟通用户间的数据编码规则，以便双方有一致的数据形式，能够互相认识。ISO 表示层为服务、协议、文本通信符制订了 DP8822，DP8823，DIS6937/2 等一系列标准。

7)应用层

应用层向应用程序提供服务，这些服务按其向应用程序提供的特性分成组，并称为服务元素。有些可为多种应用程序共同使用，有些则为较少的一类应用程序使用。应用层是开放系统的最高层,是直接为应用进程提供服务的。其作用是在实现多个系统应用进程相互通信的同时,完成一系列业务处理所需的服务。其服务元素分为两类:公共应用服务元素 CASE 和特定应用服务元素 SASE。CASE 提供最基本的服务,它成为应用层中任何用户和任何服务元素的用户,主要为应用进程通信,分布系统实现提供基本的控制机制。特定服务 SASE 则要满足一些特定服务,如文件传送、访问管理、作业传送、银行事务及订单输入等。

这些将涉及虚拟终端、作业传送与操作、文件传送及访问管理、远程数据库访问、图形核心系统及开放系统互联管理等。应用层的标准有 DP8649"公共应用服务元素"、DP8650"公共应用服务元素用协议"、文件传送与访问及管理服务与协议。

讨论:OSI 七层模型是一个理论模型,实际应用则千变万化,因此更多把它作为分析、评判各种网络技术的依据;对于大多数应用来说,只将它的协议族(即协议堆栈)与七层模型作大致的对应,看看实际用到的特定协议是属于七层中某个子层,还是包括了上下多层的功能。

这样分层的好处有:

①使人们容易探讨和理解协议的许多细节。

②在各层间标准化接口,允许不同的产品只提供各层功能的一部分(如路由器在 1 ~ 3),或只提供协议功能的一部分(如 Win95 中的 Microsoft TCP/IP)。

③创建更好的集成环境。

④减少复杂性,更容易编程或快速评估。

⑤用各层的 headers 和 trailers 排错。

⑥较低的层为较高的层提供服务。

⑦把复杂的网络划分成更容易管理的层。

3.4 工业控制网络与普通计算机网络的区别

工业控制网络技术源于计算机网络技术,与一般的信息网络有很多共同点,但又有不同之处和独特的地方。

由于工业控制系统特别强调可靠性和实时性。因此,应用于测量与控制的数据通信不同于一般电信网络的通信,也不同于信息技术中一般计算机网络的通信。控制网络数据通信以引发物质或能量的运动为最终目的。用于测量与控制的数据通信的主要特点是;允许对实时的事件进行驱动通信,具有很高的数据完整性,在存在电磁干扰和有地电位差的情况下能正常工作,多使用专用的通信网络等。

工业控制网络与普通计算机网络的区别如下:

1)响应时间不同

工业控制网络中数据传输的及时性和系统响应的实时性是控制系统最基本的要求。一般来说,过程控制系统的响应时间要求为 0.01 ~ 0.5 s,制造自动化系统的响应时间要求为 0.5 ~ 2.0 s,普通计算机网络的响应时间要求为 2.0 ~ 6.0 s。在计算机,网络的大部分使用中实时性是可以忽略的。

2)使用环境不同

普通计算机网络的节点一般在办公室,而工业控制网络节点处在工业生产现场。因此,它强调在恶劣环境下数据传输的完整性、可靠性。控制网络应具有在高温、潮湿、振动、腐蚀，特别是电磁干扰等工业环境中长时间、连续、可靠、完整地传送数据的能力，并能抵抗工业电网的浪涌、跌落和尖峰干扰。在可燃和易爆场合，控制网络还应具有本质安全性能。

3）通信方式不同

在企业自动化系统中，由于分散的单一用户要借助控制网络进入某个系统，因此通信方式多使用广播或组播方式，在普通计算机网络中某个自主系统与另一个自主系统一般都建立一对一通信方式。

4）任务不同

普通计算机网络的任务是传输文件、图像、语音等，许多情况下有人参与；工业控制网络的任务是传输工业数据（图像），承担自动测控任务，许多情况下要求自动完成。

5）网络节点包含的硬件不同

普通计算机网络包含有计算机、工作站、打印机及显示终端等；工业控制网络除上述上设备之外，还有PIC、数字调节器、开关、马达、变送器、阀门及按钮等，是内嵌有CPU、单片机或其他专用芯片的设备，或者功能简单的非智能设备。

6）兼容性互操作性不同

工业控制网络必须解决多家公司产品和系统在同一网络中相互兼容，即互操作性的问题。企业网络一般包含处理企业管理与决策信息的普通计算机信息网络和处理企业现场实时测控信息的控制网络两部分。普通计算机信息网络一般处于企业中上层，处理大量的、变化的、多样的信息，具有高速、综合的特征。工业控制网络主要位于企业中下层，处理实时的、现场的信息，具有协议简单、容错性强、安全可靠、成本低廉等特征。

由此可见，控制网络与普通计算机信息网络的集成十分必要，将为企业计算机综合自动化CIPA（Computer Integrated Plant Automation）与信息化创造有利条件。主要体现在以下4点：

①实现控制网络与信息网络的信息集成，建立综合实时信息库，为企业优化控制、生产调度、计划决策提供依据。

②建立分布式数据库管理功能，保证数据的一致性、完整性和可操作性。

③实现对控制网络工作的远程监控、优化调度及控制网络的远程诊断。

④实现控制网络的远程软件维护与更新。

本章小结

本章介绍了工业控制网络的发展、特点和分类。工业控制网络实质上也属于计算机网络的范畴，要掌握下一章工业现场总线，必须对计算机网络有一定认识和理解。因此，本章也介绍了计算机网络的概念、功能、基本组成、拓扑结构和分类，对计算机网络体系结构与协议，即ISO/OSI参考模型也有简单描述。

思考题

1. 简述工业控制网络的发展过程。
2. 工业控制网络与通用计算机网络相比有什么特点？
3. 工业控制网络分为哪几类？传输信息有哪些特点？
4. 简述 ISO/OSI 参考模型，并说明各层的作用。
5. 物理层接口标准包括哪几个特性？
6. 协议和服务有什么不同？
7. 试比较证实服务和非证实服务，并举例说明何时采用哪种服务。

第 4 章 UART 串行通信总线

4.1 UART 基本概念

UART 全称通用异步收发器(Universal Asynchronous Receiver/Transmitter),属于通信网络中的物理层的概念。从命名可以看出,它至少包含以下 3 个方面的内容:

1)通用(Universal)

这种通信协议被广泛使用,它包括 RS-485,RS-232,RS-423,RS-422 等接口标准规范和总线标准规范,即 UART 是异步串行通信口的总称。

2)异步(Asynchronous)

即数据发送者与接收者间没有专门的时钟线来传递时钟信号,接收者对通信信号的采集依赖于自身时钟计时。如图 4.1 所示,发送者按照预定时序逐位发送数据,而接收者以参考点为计时起点,依靠本地时钟计时采样。如果在采样时间点上总线为高电平,则接收者认为接收到逻辑"1",为低电平则接收到逻辑"0"。相比同步收发,这种通信方式省去了专门时钟线,使得 UART 硬件连接趋于简化。但是,由于发送者与接收者之间计时存在误差,UART 在高速传输时容易出错(见图 4.2),相比于发送者,接收者时钟速率较低,计时间隔较大,采样时间误差随着传输时间的延长逐步累积,导致传输出现错误。因此,在满足使用需求的情况下应尽量使用较低的传输速率,提高传输可靠性。

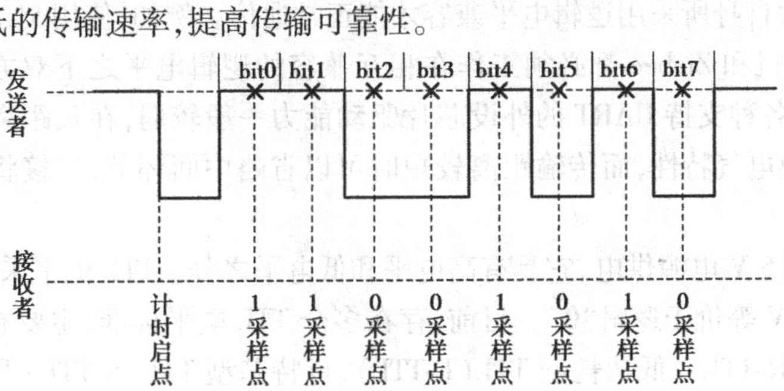

图 4.1 异步通信方式

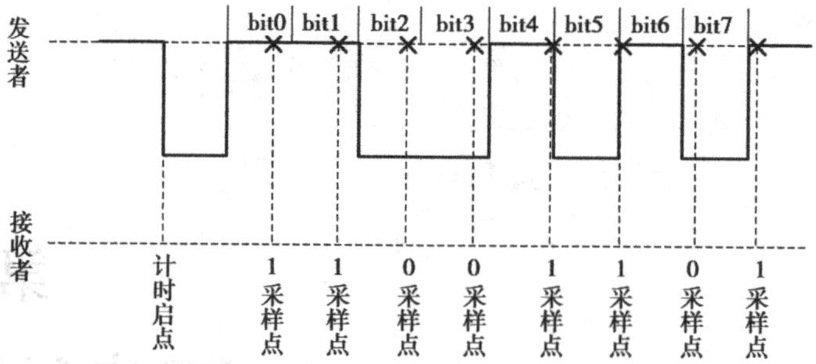

图 4.2　异步传输出错

3)收发器(Receiver/Transmitter)

这种通信协议是双向的,但具体是半双工还是全双工,取决于具体的接口标准规范。如 RS-232 和 RS-485 都是 UART 通信协议,但由于接口标准规范的不同,RS-232 支持全双工通信,而 RS-485 只能进行半双工通信。

常用 UART 传输系统结构如图 4.3 所示,它由发送者、接收者以及中间的电气转换接口构成。发送者和接收者通常是 MCU 及各种支持串口的外设芯片,工作电平通常为 TTL 或 CMOS 电平,而中间的电气转换接口常见的有 RS-485,RS-232,RS-423 和 RS-422 等。

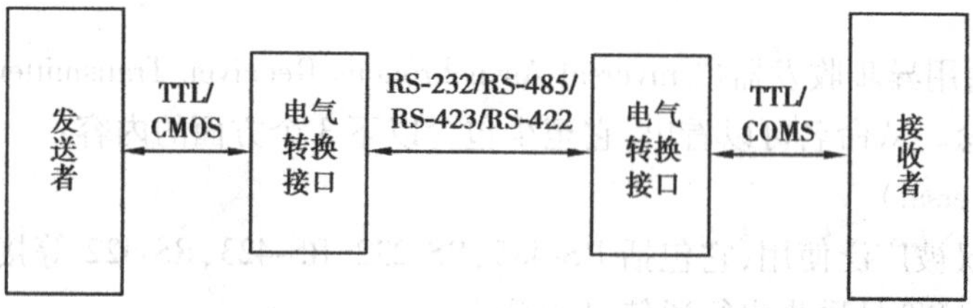

图 4.3　常用 UART 传输系统结构

4.2　TTL 与 CMOS 逻辑电平

在 UART 传输系统中,数据发送者与接收者往往是各种各样的 MCU 和外设芯片,这些芯片通常采用晶体管-晶体管逻辑门(Transistor-Transistor Logic gate,TTL)或互补金属氧化物半导体(Complementary Metal Oxide Semiconductor,CMOS)逻辑电平。而在通信系统中,数据传输电平必须与芯片自身所采用逻辑电平兼容才能正常通信。例如,使用51 单片机控制 Zigbee 传输数据,51 单片机和 Zigbee 都必须工作在相互兼容的逻辑电平之下双方才能正常收发数据。由于 MCU 及各种支持 UART 的外设芯片驱动能力一般较弱,在长距离传输时一般需要采用中间接口转换电气特性,而传输距离较短时可以省略中间环节,直接将收发双方硬件直接连接即可。

TTL 一般采用5 V 电源供电,它具有高电平和低电平之分。TTL 电平采用正逻辑,即+5 V 等价于逻辑“1”,0V 等价于逻辑“0”。目前,存在多个 TTL 电平标准,主要有 54/74 系列标准 TTL、高速型 TTL(H-TTL)、低功耗型 TTL(L-TTL)、肖特基型 TTL(S-TTL)及低功耗肖特基型 TTL(LS-TTL)5 个系列。如图 4.4 所示,标准 TTL 输入高电平最小 2 V,输出高电平最小 2.4 V,典型值3.4 V,输入低电平最大 0.8 V,输出低电平最大 0.4 V,典型值0.2 V。

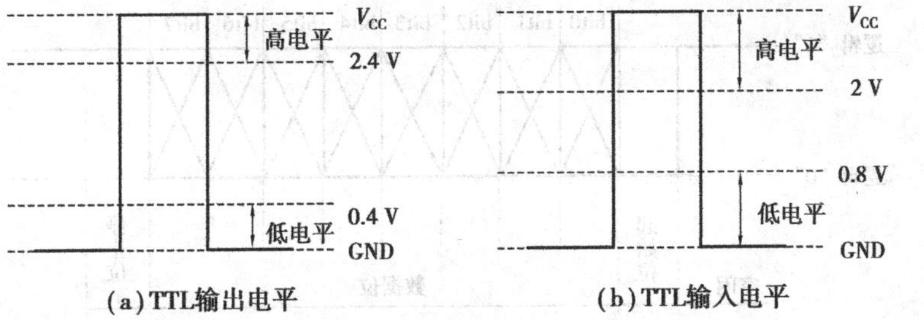

图4.4　TTL电平标准

同样,CMOS也具有高电平和低电平之分,同样采用正逻辑,但电平电压标准与TTL有所不同。如图4.5所示,CMOS标准中,$U_{ih} \geqslant 0.7V_{CC}$ 表示逻辑"1",$U_{ol} \leqslant 0.2V_{CC}$ 表示逻辑"0"。

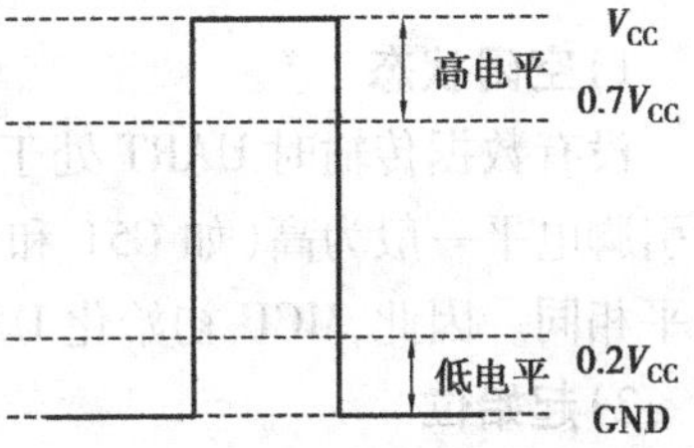

图4.5　CMOS电平标准

TTL和COMS电路比较:

①TTL电路是电流控制器件,而CMOS电路是电压控制器件。

②TTL电路的速度快,传输延迟时间短,但功耗大。COMS电路的速度慢,传输延迟时间长(25~50 ns),但功耗低。

③在同样5 V电源电压情况下,COMS电路可直接驱动TTL,因CMOS的输出高电平 V_{CC} = 5 V大于2.0 V,输出低电平GND=0 V小于0.8 V;而TTL电路则不能直接驱动CMOS电路,TTL的输出高电平大于2.4 V,如果落在2.4~3.5 V,则CMOS电路就不能检测到高电平,而TTL低电平小于0.4 V,满足CMOS电平要求。

4.3　UART协议层

TTL/CMOS电平UART常用于单片机和电脑之间以及单片机和单片机之间的板级通信。UART是一种串行通信协议,最少可以仅通过3根线实现数据传输,分别如下:

①TXD:发送。

②RXD:接收。

③GND:接地。

如图4.6所示,UART收发者间TXD和RXD需要交叉相连,即A设备TXD引脚需要连接到B设备RXD引脚,而B设备TXD引脚需要连接到A设备RXD引脚。最后将两设备GND连接在一起。

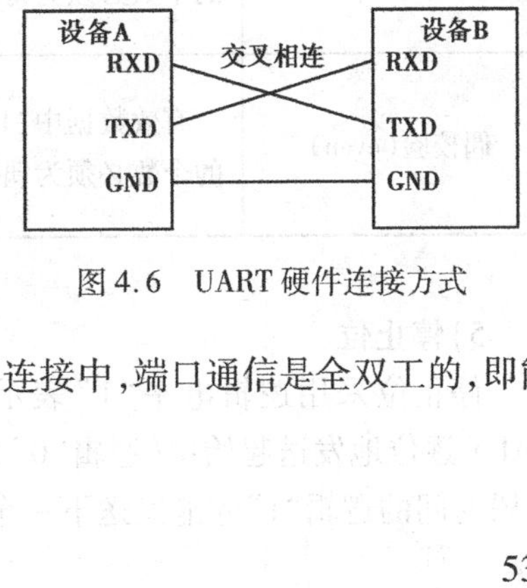

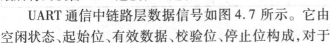

图4.6　UART硬件连接方式

UART通信中链路层数据信号如图4.7所示。它由空闲状态、起始位、有效数据、校验位、停止位构成,对于两个进行通信的端口,这些参数必须匹配。在TTL/CMOS连接中,端口通信是全双工的,即能够在发送数据的同时接收数据。

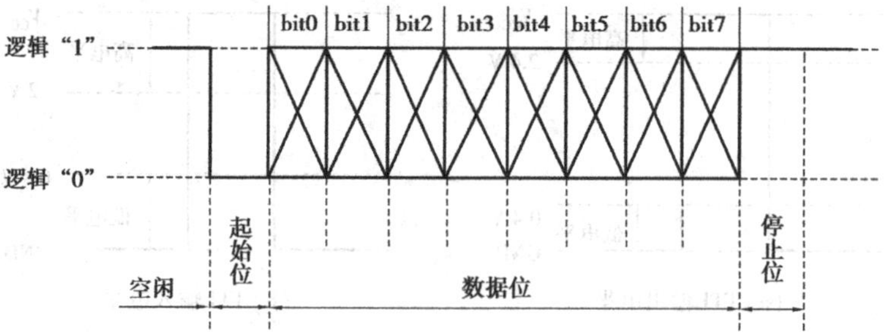

图 4.7 UART 链路层数据信号

1）空闲状态

没有数据传输时 UART 处于空闲状态，此时 UART 输出逻辑“1”。一般来说，MCU 复位后引脚电平一般为高（如 C51 和 STM32F103），在 TTL/CMOS 逻辑电平下恰好与 UART 逻辑电平相同。因此，MCU 初始化 UART 后引脚电平不会发生变化。

2）起始位

起始信号一般由一个逻辑“0”的数据位表示。在 UART 通信协议中，空闲状态下输出逻辑“1”，与起始位逻辑“0”形成反差。这样，有以下两个重要作用：一是可明确表示数据传输起始；二是作为接收者对通信电平采样的起始参考位置。

3）传输有效数据

在起始位后，紧接着的是传输数据的主体内容，即有效数据。作为串行通信协议，UART 只能在总线上一位一位地传输数据。通常有效数据的长度有 5，6，7，8 位长，一般选择 8 位（正好一个字节长度）。

4）校验位

在有效数据之后，有一个可选的数据校验位，校验位可以存在也可以不存在。由于数据通信很容易受到外界干扰，导致数据传输出现偏差。因此，可在传输过程中加上数据校验位来解决这个问题。校验方法有奇校验（odd）、偶校验（even）、0 校验（space）、1 校验（mark）及无校验（noparity），见表 4.1。

表 4.1 校验方式举例

校验方式	含义	举例
奇校验（odd）	有效数据中“1”的个数加上校验位 1 的个数必须为奇数	0000 0000 1（1 个“1”） 0101 0101 1（5 个“1”） 1110 0000 0（3 个“1”）
偶校验（even）	有效数据中“1”的个数加上校验位 1 的个数必须为偶数	0000 0000 0（0 个“1”） 0101 0101 0（4 个“1”） 1110 0000 1（4 个“1”）

5）停止位

停止位采用逻辑电平“1”表示，这与 UART 空闲状态下电平相同。从通信时序来看，UART 逐位地发送起始位（逻辑“0”）、数据位（逻辑“0/1”）、校验位（逻辑“0/1”）后会保持一小段时间的逻辑“1”才能发送下一个数据。因此，停止位有效地将两个 UART 数据分开，使每个数据传输起始位总能从逻辑“1”跳变到逻辑“0”。停止位可由 0.5,1,1.5 或 2 个逻辑“1”的数据位表示。

6)波特率

由于 UART 是异步通信,通信过程中没有专门的时钟信号线。因此,通信双方必须事先约定好每个码元的长度,以便对信号进行解码。而 1 s 中 UART 可传递的码元数量为波特率,即

$$码片宽度=\frac{1\ \mathrm{s}}{波特率} \tag{4.1}$$

4.4　UART 流控制

在实际工程项目中,一次不会只传输 1 个字节的数据,而是将字节数据组织为帧(Frame),以帧为基本单位进行数据传输。表 4.2 为 MODBUS 通信协议的一帧。该帧由从设备地址、功能码、寄存器地址(2 字节)、数据(2 字节)、CRC 校验(2 字节)共 8 字节构成。

表 4.2　MODBUS 通信协议的一帧

从设备地址	功能码	高地址	低地址	高字节	低字节	高 CRC	低 CRC
0x 01	0x 06	0x 01	0x 01	0x 00	0x 01	0x 45	0x A7

在帧传输过程中,UART 发送者逐字节地发送数据,构成数据“流”。由于 UART 通信双方处理速度、缓冲区大小通常不一样,UART 通信过程比较容易发生错误。如上位机与 MCU 之间的通信,MCU 必须赶在下一字节数据发送之前接收本字节数据、存入缓冲区并进行处理。由于 MCU 处理能力较弱,可能导致大量数据来不及处理而滞留缓冲区,而 MCU 缓冲区大小十分有限,大量的数据滞留可能导致数据溢出,造成数据传输出错。因此,在 UART 数据传输中可通过流控制解决这一问题。

流控制的基本思想是:当接收端数据处理不过来时,就发出“不再接收”的信号,发送端就停止发送,直到收到“可以继续发送”的信号再发送数据。因此,流控制可控制数据传输的进程,防止数据的丢失。常用的流控制方法有两种:硬件流控制(包括 RTS/CTS,DTR/CTS 等)和软件流控制 XON/XOFF(继续/停止)。

4.4.1　硬件流控制

硬件流控制常用的有 RTS/CTS 流控制和 DTR/DSR(数据终端就绪/数据设置就绪)流控制。硬件流控制必须将相应的电缆线连上,用 RTS/CTS(请求发送/清除发送)流控制时,应将通信两端的 RTS,CTS 线对应相连,数据终端设备(如计算机)使用 RTS 来起始调制解调器或其他数据通信设备的数据流,而数据通信设备(如调制解调器)则用 CTS 来启动和暂停来自计算机的数据流。

这种硬件握手方式的过程为:在编程时,根据接收端缓冲区大小设置一个高位标志(可为缓冲区大小的 75%)和一个低位标志(可为缓冲区大小的 25%)。当缓冲区内数据量达到高

位时，在接收端将CTS线置低电平（送逻辑0），当发送端的程序检测到CTS为低后，就停止发送数据，直到接收端缓冲区的数据量低于低位而将CTS置高电平。RTS则用来标明接收设备有没有准备好接收数据。

常用的流控制还有DTR/DSR（数据终端就绪/数据设置就绪）。由于流控制的多样性，当软件里用了流控制时，应详细地说明硬件连接方式及使用方式。

4.4.2 软件流控制

由于电缆线的限制，在普通的控制通信中一般不用硬件流控制，而用软件流控制。一般通过XON/XOFF来实现软件流控制。

一种常用的软件流控制方法是：当接收端的输入缓冲区内数据量超过设定的高位时，就向数据发送端发出XOFF字符（十进制的19或Control-S，设备编程说明书应有详细阐述），发送端收到XOFF字符后就立即停止发送数据；当接收端的输入缓冲区内数据量低于设定的低位时，就向数据发送端发出XON字符（十进制的17或Control-Q），发送端收到XON字符后就立即开始发送数据。一般可从设备配套源程序中找到发送的是什么字符。

应注意，若传输的是二进制数据，标志字符也有可能在数据流中出现而引起误操作，这是软件流控制的缺陷，而硬件流控制不会有这个问题。

4.5 UART接口标准规范

4.5.1 RS-232

RS-232标准接口又称EIA RS-232，是常用的UART通信接口标准之一。它是在1970年由美国电子工业协会（EIA）联合贝尔系统、调制解调器厂家及计算机终端生产厂家共同制订的用于串行通信的标准。该标准多采用DB-9连接器，连接器的引脚的信号内容规定如图4.8所示。工业控制的RS-232口一般只使用RXD，TXD，GND 3条线。具体引脚作用如下：

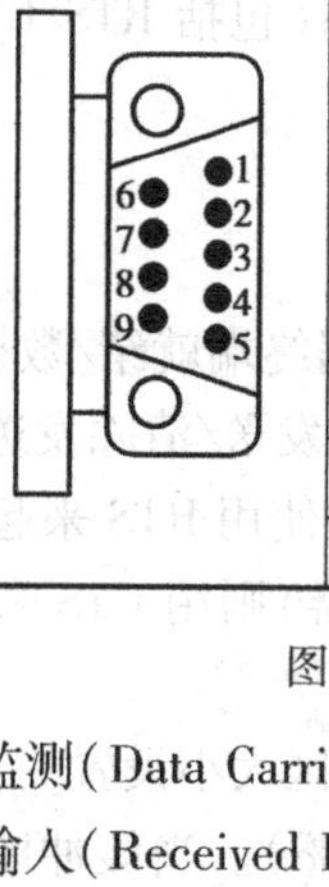

外形	针脚	符号	输入/输出	说明
	1	DCD	输入	数据载波监测
	2	RXD	输入	接收数据
	3	TXD	输出	发送数据
	4	DTR	输出	数据终端准备好
	5	GND	—	信号地
	6	DSR	输入	数据装置准备好
	7	RTS	输出	请求发送
	8	CTS	输入	清除发送
	9	RI	输入	铃声指示

图4.8 RS-232 DB-9连接器引脚定义

①数据载波监测（Data Carrier Detect，DCD）：监测总线上是否有数据正在传输。

②串口数据输入（Received Data，RxD）：数据输入端口，与TxD成对。

③串口数据输出(Transmitted Data,TxD):本设备数据输出端口,与 RxD 成对。

④数据终端就绪(Data Terminal Ready,DTR):接收者给发送者信号,表示接收者已准备好接收数据,用于硬件流控制,与 DSR 成对使用。

⑤地线(GND):总线回路公共端。

⑥数据发送就绪(Data Send Ready,DSR):发送者给接收者信号,表示发送者已准备就绪,随时可发送数据,用于硬件流控制,与 DTR 成对使用。

⑦发送数据请求(Requist To Send,RTS):接收者给发送者信号,请求发送者发送数据,用于硬件流控制,与 CTS 成对使用。

⑧清除发送(Clear To Send,CTS):接收者给发送者信号,请求发送者停止发送数据,用于硬件流控制,与 RTS 成对使用。

⑨铃声指示(Ring Indicator,RI)。

在 TTL/CMOS 电平中,使用电源电压 VCC 表示逻辑“1”,GND 表示逻辑“0”,而 RS-232C 标准对逻辑电平进行了重新定义。RS-232 收发的数据信号是相对于地的信号,典型的 RS-232 信号在正负电平之间摆动。如表 4.3 所示,在发送数据时,对数据(信息码),发送端驱动器输出正电平在 5 ~ 15 V,负电平在−15 ~ −5 V 电平;对控制信号,接通状态(ON)即信号有效的电平范围为 5 ~ 15 V,断开状态(OFF)即信号无效的电平范围为−15 ~ −5 V。而在空闲状态时 RS-232 总线上为 TTL 电平,数据传输开始后总线上电平从 TTL 电平转换到 RS-232 电平,传输结束后再返回 TTL 电平。接收器典型的工作电平在 3 ~ 12 V 与−12 ~ −3 V。由于发送电平与接收电平的差仅为 2 ~ 3 V,因此其共模抑制能力差,再加上双绞线上的分布电容,其传送距离最大约为 15 m,最高速率为 20 Kbit/s。RS-232 是为点对点(即只用一对收发设备)通信而设计的,其驱动器负载为 3 ~ 7 kΩ。因此,RS-232 适合本地设备之间的通信。

表 4.3　RS-232 信号电平定义

线缆	端口	信号	电平
传输线(TxD,RxD)	发送端	逻辑“1”	−15 ~ −5 V
		逻辑“0”	5 ~ 15 V
	接收端	逻辑“1”	−15 ~ −3 V
		逻辑“0”	3 ~ 15 V
控制线(RTS,CTS,DSR,DTR,DCD)	发送端	接通	−15 ~ −5 V
		断开	5 ~ 15 V
	接收端	接通	3 ~ 15 V
		断开	−15 ~ −3 V

RS-232 是现在主流的串行通信接口之一。由于 RS232 接口标准出现较早,难免有不足之处,主要有以下 4 点:

①接口的信号电平值较高,易损坏接口电路的芯片。RS232 接口任何一条信号线的电压均为负逻辑关系。即逻辑“1”为−15 ~ −3 V;逻辑“0”为 3 ~ 15 V ,噪声容限为 2 V。即要求接收器能识别高于 3 V 的信号作为逻辑“0”,低于−3 V 的信号作为逻辑“1”,TTL 电平为 5 V 为

逻辑正,0 为逻辑负 。与 TTL 电平不兼容,故需使用电平转换电路方能与 TTL 电路连接。

②传输速率较低,在异步传输时,比特率一般仅 20 Kbit/s;

③接口使用一根信号线和一根信号返回线而构成共地的传输形式,这种共地传输容易产生共模干扰,故抗噪声干扰性弱。

④传输距离有限,一般只能在 15 m 范围内传输数据。

4.5.2 RS-485

为了弥补 RS-232 具有传输距离短,传输速度较慢等缺点,美国电子工业协会(EIA)在 1983 年批准了一个新的平衡传输标准(balanced transmission standard),该标准即 RS-485。该接口标准只规定了电气特性,并没有规定接插件,传输电缆和应用层通信协议。与 RS-232 采用单端信号传输不同,485 总线采用平衡发送和差分接收接口标准。在发送端将串行口的 TTL 电平信号转换成差分信号由 A,B 两线输出,经过双绞线传输到接收端后,再将差分信号还原成 TTL 电平信号,故具有极强的抗共模干扰能力,加之总线收发器灵敏度很高,可检测到低至 200 mV 的电压。传输信号经过 1 000 m 以上的衰减后都可以完好恢复。

RS485 标准定义了两根差分线 A 和 B:

A:非反向(non-inverting)信号。

B:反向(inverting)信号。

也可能会有第 3 个信号,为了平衡线路正常动作要求所有平衡线路上有一个共同参考点,称为 SC 或 G。该信号可限制接收端收到的共模信号,收发器会以此信号作为基准值来测量 AB 线路上的电压。

所谓差分传输,就是发送端在两条信号线上传输幅值相等、相位相反的电信号,接收端对接收的两条线信号做减法运算,这样就可获得幅值翻倍的信号。得益于使用差分信号进行传输,当有噪声干扰时仍可使用线路上两者差值进行判断,使传输数据不受噪声干扰。

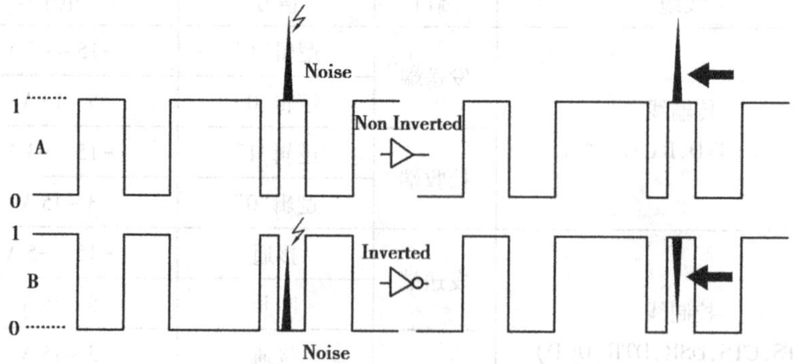

图 4.9　差分信号抵御共模干扰

如图 4.9 所示,工程中一般使用双绞线传输差分信号,当差分线 A、B 受到共模干扰时,两个差分线距离较近,共模干扰对两根差分线引入的噪声信号是相似的。由于差分传输中采用差分线 A,B 上的差值来表示信号。因此,这样两根线上同时引入的共模干扰就会被滤除,以达到抗共模干扰的目的。

RS-485 使用 A,B 线间差分信号传输数据,A>B 表示逻辑"1",而 A<B 表示逻辑"0"。如表 4.4 所示,通常情况下,发送端发送逻辑"1"时,A,B 相之间电压为 2 ~6 V,而发送逻辑"0"

时，A、B 相之间电压为-6～-2 V。而对于接收端而言，A，B 相间电压不小于 200 mV 表示逻辑“1”，B、A 相间电压不小于 200 mV 表示逻辑“0”。此外，在 RS-485 器件中一般还有一个“使能”控制信号，“使能”信号用于控制“发送发送器”与传输线的切断和连接，当使能端起作用时，发送发送器处于有别于逻辑“1”和“0”的高阻状态。

表4.4　信号电平定义

端口	信号	电平(A-B)
发送端	逻辑“1”	2～6 V
	逻辑“0”	-6～-2 V
接收端	逻辑“1”	>200 mV
	逻辑“0”	<-200 mV

得益于差分信号传输方式，在 100 Kbit/s 的传输速率下 RS-485 通信距离可达到 1 200 m。如果通信距离较短，其最大传输速率可达 10 Mbit/，并可通过增加 RS-485 中继器的方式继续提升传输距离。此外，采用差分信号传输数据，RS-485 工作与半双工模式，通信端不能同时发送和接收数据。

RS-485 与 RS-232 的优缺点比较如下：

①RS-485 总线采用平衡发送和差分接收接口标准，抗共模干扰能力强，灵敏度高，而 RS-232 接口使用一根信号线和一根信号返回线构成共地的传输形式，这种共地传输容易产生共模干扰，故抗噪声干扰性弱。

②RS-485 的数据最高传输速率可达 10 Mbit/s，而 RS-232 传输速率较低，一般不超过波特率为 20 Kbit/s。

③RS-485 接口的最大传输距离可达 1 200 m，而 RS-232 传输距离有限，最大传输距离一般仅 50 m。

④RS-485 支持多节点串行总线布线，而 RS-232 一般只支持点对点通信。

⑤RS-485 一般为半双工通信，而 RS-232 支持全双工通信。

⑥RS-485 接口电压最高为 6 V，而 RS-232 接口信号电平值较高，最高可达 15 V，易损坏接口电路。

4.5.3　RS-423

RS-423 串行通信接口与 RS-232 串行通信接口类似。它的主要特点是采用单端发送器(非平衡发送器)和差动接收器。其接收器的输入有一端与发送器的地相连，且允许接收器与发送器的接地端之间有电位差，这样可提高传输速率。虽然发送器与 RS-232 标准相同，但由于接收器采用差动方式，因此传输距离和速度仍比 RS-232 有较大的提高，在 10 m 传输距离时传输速率可达 100 Kbit/s，距离增到 100 m 时，速度仍有 10 Kbit/s，RS-423 串行通信接口具有以下特点：

①信号电平在 4～6 V。

②发送器有读码检测。

③发送器输入的转换速率在波特率不大于 1 Kbit/s 时不大于 300 ns，波特率不小于 1

Kbit/s 时不大于 30% 数字状态的单位时间。

④差动接收器具有正负 7 V 和 200 MV 的灵敏度。

4.5.4　RS-422

RS-422 标准全称是“平衡电压数字接口电路的电气特性”，它定义了接口电路的特性。如图 4.10 所示为典型的 RS-422 四线接口。实际上还有一根信号地线，共 5 根线。表 4.5 是其 DB9 连接器引脚定义。

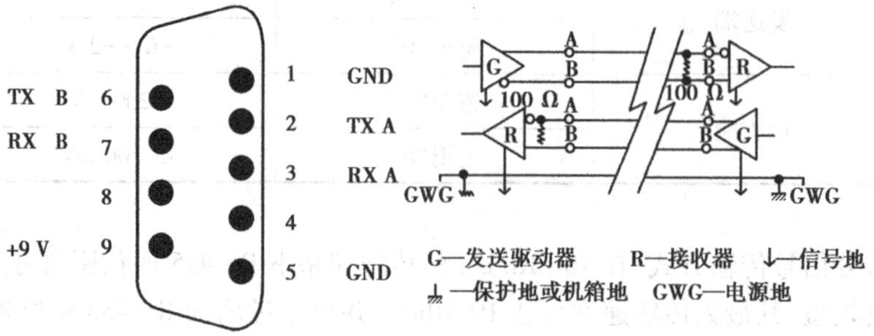

图 4.10　典型的 RS-422 四线接口

表 4.5　DB9 连接器引脚定义

规定		RS-232	RS-422	RS-485
工作方式		单端	差分	差分
节点数		1 收、1 发	1 发 10 收	1 发 32 收
最大传输电缆长度		10 m	100 m	100 m
最大传输速率		20 Kbit/s	10 Mbit/s	10 Mbit/s
最大驱动输出电压		+/−25 V	−0.25 ~ 6 V	−7 ~ 12 V
驱动器输出信号电平（负载最小值）	负载	+/−5 ~ +/−15 V	+/−2.0 V	+/−1.5 V
驱动器输出信号电平（空载最大值）	空载	+/−25 V	+/−6 V	+/−6 V
驱动器负载阻抗		3 ~ 7 kΩ	100 Ω	54 Ω
摆率（最大值）		30 V/μs	N/A	N/A
接收器输入电压范围		+/−15 V	−10 ~ 10 V	−7 ~ 12 V
寄售期输入门限		+/−3 V	+/−200 mV	+/−200 mV
接收器输入电阻		3 ~ 7 kΩ	4 kΩ（最小）	≥12 kΩ
驱动器共模电压			−3 ~ 3 V	−1 ~ 3 V
接收器共模电压			−7 ~ 7 V	−7 ~ 12 V

由于接收器采用高输入阻抗和发送驱动器比 RS-232 更强的驱动能力，故允许在相同传输线上连接多个接收节点，最多可接 10 个节点，即一个主设备（Master），其余为从设备

(Salve),从设备之间不能通信。因此,RS-422 支持点对多的双向通信。接收器输入阻抗为 4 kΩ,故发送端最大负载能力是 10×4 kΩ+100 Ω(终端电阻)。RS-422 四线接口由于采用单独的发送和接收通道,因此不必控制数据方向,各装置之间任何必需的信号交换均可按软件方式(XON/XOFF 握手)或硬件方式(一对单独的双绞线)。RS-422 的最大传输距离为 4 000 ft(约 1 219 m),最大传输速率为 10 Mbit/s。其平衡双绞线的长度与传输速率成反比,在 100 Kbit/s 速率以下,才可能达到最大传输距离。只有在很短的距离下才能获得最高传输速率。一般 100 m 长的双绞线上所能获得的最大传输速率仅为 1 Mbit/s。

本章小结

工业控制中 UART 串行通信总线是非常常用的。本章介绍了 UART 基本概念,UART 中 TTL 与 CMOS 逻辑电平的区别,UART 协议与流控制,以及 RS-232 和 RS-485 等标准接口。学习时需要通过对上述内容的学习,形成对 UART 串行通信总线的基础认识和理解。

思考题

1. UART 全称是什么？名称中各关键词含义是什么？
2. 在 UART 传输系统中,数据发送者与接收者之间常用的逻辑电平有哪些？
3. UART 通信链路层数据信号格式是怎样的？
4. UART 流控制方式有哪几种？
5. UART 常用接口标准规范有哪几种？它们各有什么特点？

第 5 章 MODBUS 通信协议

5.1 MODBUS 协议简介

Modbus 是 Modicon 公司(现在的施耐德电气)为可编程逻辑控制器(PLC)而提出的一种串行通信协议,目前已成为工业领域通信协议的业界标准。Modbus 协议是一个 master/slave 架构的协议,如图 5.1 所示。每个 Modbus 网络存在唯一的 master 节点,其他通信节点为 slave 节点,每一个 slave 设备都有一个唯一的地址。Master 端发出数据请求消息,Slave 端接收到正确消息后就可发送数据到 Master 端以响应请求。Master 端也可直接发消息修改 Slave 端的数据,实现双向读写。Modbus 协议没有规定物理层,目前存在用于串口、以太网以及其他支持网络协的多个版本,现有大多数 Modbus 设备通信通过串口 EIA-485 物理层进行。

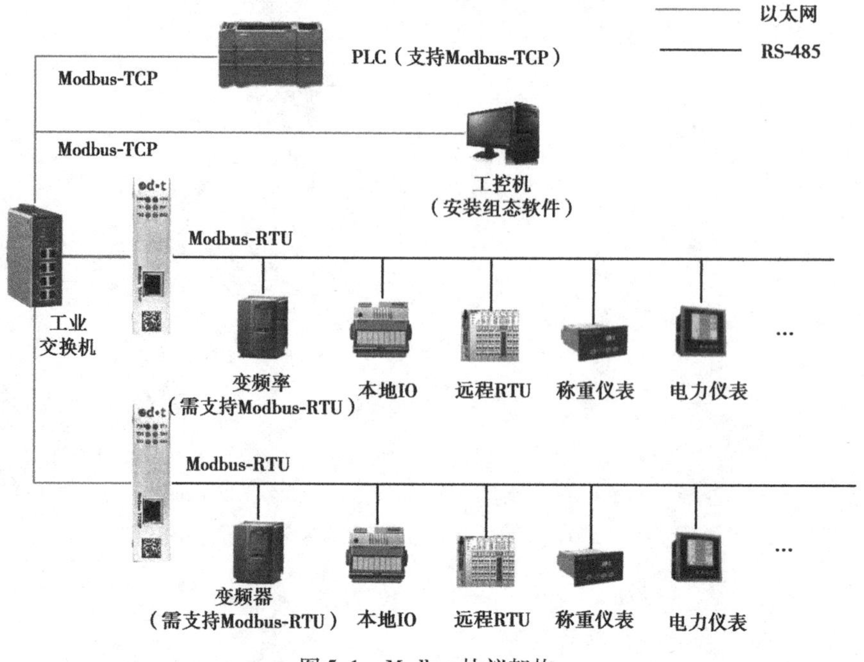

图 5.1　Modbus 协议架构

广泛流行的 Modbus 协议有 Modbus ASCII,Modbus RTU,Modbus TCP 协议。Modbus RTU 是一种紧凑的,采用二进制表示数据的通信方式;Modbus ASCII 是一种人类可读的、冗长的表示方式。这两个变种都使用串行通信方式传输数据,而 Modbus TCP 主要使用以太网 TCP 协议传输数据。这 3 种通信协议在数据模型和功能调用上都是相同的,只有封装方式是不同的。对 Modbus ASCII 和 Modbus RTU 协议,信息以帧的形式进行传输,每个信息帧有确定的起始点和结束点,并且有专门的错误校验信息,其中 Modbus RTU 格式采用循环冗余校验,而 Modbus ASCII 格式采用纵向冗余校验。Modbus TCP 建立在以太网 TCP 协议基础之上,不需要关心底层数据传输方式,Modbus TCP 与 Modbus RTU 协议非常类似。由于 TCP 协议是一个面向连接的可靠协议,因此,Modbus TCP 模式没有额外规定校验。

5.2 PLC 简介

国际电工委员会(IEC)在其标准中将 PLC 定义为:可编程逻辑控制器(PLC)是一种数字运算操作的电子系统,专为在工业环境应用而设计的。PLC 外观结构如图 5.2 所示。它采用一类可编程的存储器,用于其内部存储程序,执行逻辑运算、顺序控制、定时、计数与算术操作等面向用户的指令,并通过数字或模拟式输入/输出控制各种类型的机械或生产过程。可编程逻辑控制器及其有关外部设备都按易于与工业控制系统联成一个整体、易于扩充其功能的原则设计。PLC 的特点如下:

①编程方便,现场可修改程序。

②维修方便,采用模块化结构。

③可靠性高于继电器控制设备。

④体积小于继电器控制设备。

⑤数据可直接送入计算机。

⑥成本可与继电器控制设备竞争。

⑦输入可以是交流 115 V。

⑧输出为交流 115 V,2 A 以上,能直接驱动电磁阀、接触器等。

⑨在扩展时,原系统只要很小变更。

⑩用户程序存储器容量能扩展。

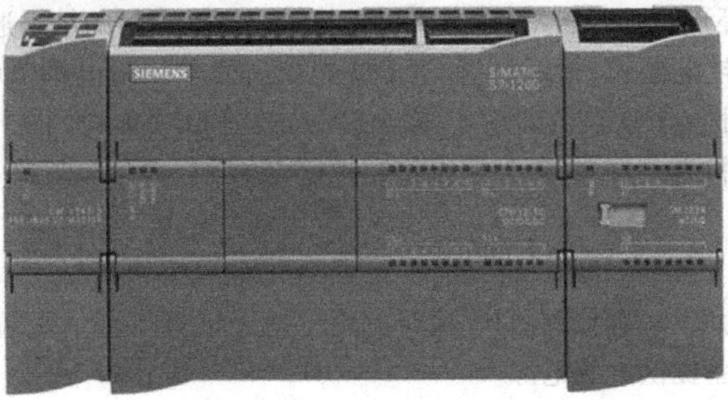

图 5.2 PLC 外观结构

PLC 的主要作用就是采集和控制：PLC 可将模拟信号、数字信号采集到模块，经过 CPU 计算机程序控制，输出模拟信号、数字信号控制相应的设备做出动作，达到控制设备满足工艺的目的。PLC 早期产品主要是逻辑控制，用于取代继电器等设备。

PLC 的类型繁多，功能和指令系统也不尽相同，但结构与工作原理则大同小异。它通常由主机、输入/输出接口、电源扩展器接口及外部设备接口等组成。PLC 的硬件系统结构如图 5.3 所示。

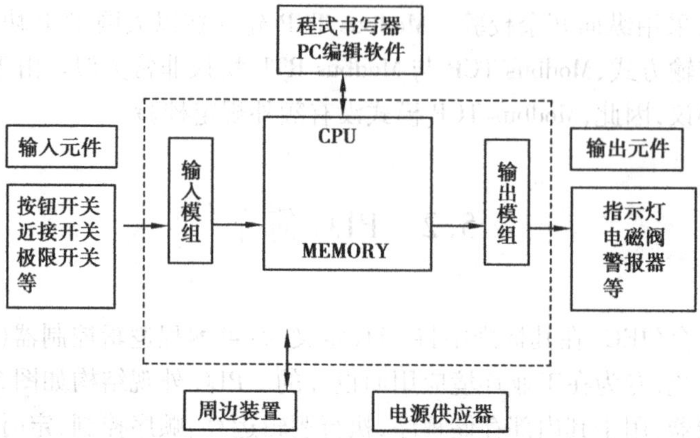

图 5.3　PLC 的硬件系统结构

5.2.1　主机

主机部分包括中央处理器(CPU)、系统程序存储器和用户程序及数据存储器。CPU 是 PLC 的核心，它用以运行用户程序、监控输入/输出接口状态、作出逻辑判断和进行数据处理，即读取输入变量、完成用户指令规定的各种操作，将结果送到输出端，并响应外部设备(如电脑、打印机等)的请求以及进行各种内部判断等。PLC 的内部存储器有两类：一类是系统程序存储器，主要存放系统管理和监控程序及对用户程序作编译处理的程序，系统程序已由厂家固定，用户不能更改；另一类是用户程序及数据存储器，主要存放用户编制的应用程序及各种暂存数据和中间结果。

5.2.2　输入/输出(I/O)接口

I/O 接口是 PLC 与输入/输出设备连接的部件。输入接口接收输入设备(如按钮、传感器、触点、行程开关等)的控制信号。输出接口是将主机经处理后的结果通过功放电路去驱动输出设备(如接触器、电磁阀、指示灯等)。I/O 接口一般采用光电耦合电路，以减少电磁干扰，从而提高了可靠性。I/O 点数即输入/输出端子数是 PLC 的一项主要技术指标，通常小型机有几十个点，中型机有几百个点，大型机将超过千点。

5.2.3　电源

图中电源是指为 CPU、存储器、I/O 接口等内部电子电路工作所配置的直流开关稳压电源，通常也为输入设备提供直流电源。

5.2.4　编程

编程是 PLC 利用外部设备，用户用来输入、检查、修改、调试程序或监视 PLC 的工作情况。通过专用的 PC/PPI 电缆线将 PLC 与电脑连接，并利用专用的软件进行电脑编程和监控。

5.2.5　输入/输出扩展单元

I/O 扩展接口用于将扩充外部输入/输出端子数的扩展单元与基本单元（即主机）连接在一起。

5.2.6　外部设备接口

此接口可将打印机、条码扫描仪、变频器等外部设备与主机相联，以完成相应的操作。

5.2.7　PLC 输入/输出接口类型

1）开关量与数字量

一般指的是触点的“开”与“关”的状态，一般在计算机设备中也会用“0”或“1”来表示开关量的状态，开关量是最常用的控制，对它进行控制是 PLC 的优势，也是 PLC 最基本的应用。开关量分为有源开关量信号和无源开关量信号。有源开关量信号指的是“开”与“关”的状态是带电源的信号，一般的都有 220 V AC，24 V DC 等信号；无源开关量信号指的是“开”和“关”的状态时不带电源的信号，一般又称干接点。开关量控制的目的是：根据开关量的当前输入组合与历史的输入顺序，使 PLC 产生相应的开关量输出，以使系统能按一定的顺序工作，故有时也称顺序控制。而顺序控制又分为手动、半自动和自动。而采用的控制原则有分散、集中和混合控制 3 种。这是用 OMRON 的开关量编写的一个“单按钮启停”程序。

数字量也就是离散量，是指分散开来的、不存在中间值的量。例如，一个开关所能够取的值是离散的，只能是开或关，不存在中间的情况。因此，数字量在时间和数量上都是离散的物理量，其表示的信号则为数字信号，数字量是由 0 和 1 组成的信号。

2）模拟量

模拟量是在时间和数量上都是连续的物理量，其表示的信号则为模拟信号。模拟量在连续的变化过程中任何一个取值都是一个具体有意义的物理量，如温度、压力、电流等。PLC 是由继电控制引入微处理技术后发展而来的，可方便及可靠地用于开关量控制。由于模拟量可转换成数字量，数字量只是多位的开关量，故经转换后的模拟量，PLC 也完全可以可靠地进行处理控制。由于连续的生产过程常有模拟量，因此模拟量控制有时也称过程控制。

在输入过程中，要实现模拟量与数字量的转换，首先通过传感器把物理量转换为电量，再利用模数转换器把电信号变换成数字信号。在输出过程中，PLC 利用数模转换器（D/A）把处理后的数字量变换成模拟量——标准的电信号。在 PLC 中，模拟量一般使用 16 bit 二进制数表示。

5.3 Modbus RTU 协议帧格式

由前可知,PLC 包含 4 种不同的输入输出类型:数字量输出、数字量输入、模拟量输出及模拟量输入。这些输入输出端口的信息平时保存在特定寄存器里面,对输入输出端口进行操作的本质是配置相应寄存器,见表 5.1。在这些寄存器中,数字量占用空间大小为 1 bit,而模拟量为 16 bit。由于数字量输出一般是控制继电器或接触器线圈。因此,数字量输出寄存器又被形象地称为“线圈”。对于线圈而言,用户既可设置线圈状态以控制外设,又可读取当前的线圈状态,因此线圈是可以读写的。由于数字量输入是反映外部物理世界状态,用户只能读数字量输入而不能写入,因此数字量输入寄存器是只读的。同理,模拟量输入寄存器是可以读写的,故称保持寄存器,而模拟量输入是只读的,对应寄存器被称为输入寄存器。

表 5.1 PLC 信号类型

信号类型	别称	数据类型	访问类型
数字量输出	线圈	1 bit	读/写
数字量输入	数字量输入	1 bit	只读
模拟量输出	保持寄存器	16 bit	读/写
模拟量输入	输入寄存器	16 bit	只读

操作输入输出端口进行的本质是配置相应寄存器,Modbus 协议设计初衷就是使用户能操作 PLC 输入输出端口。通过 Modbus 协议操作 PLC 输入输出端口原理如图 5.4 所示。用户通过 Modbus 向 PLC 写入操作请求,PLC 接收到请求后读/写相应寄存器,从而达到目的。

广泛流行的 Modbus 协议有 Modbus RTU 和 Modbus ASCII,它们在数据模型和功能调用上都是相同的,只有封装方式是不同的。

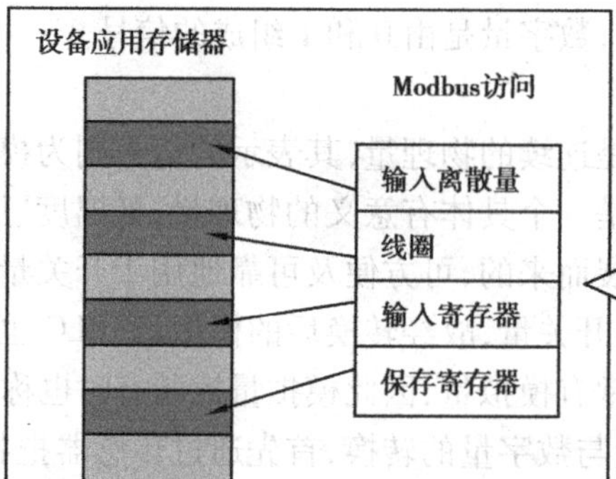

图 5.4 PLC 输入输出端口原理

Modbus RTU 协议帧格式如图 5.5 所示。它由地址域、功能码、数据及差错校验 4 部分构成,各部分长度见表 5.2。

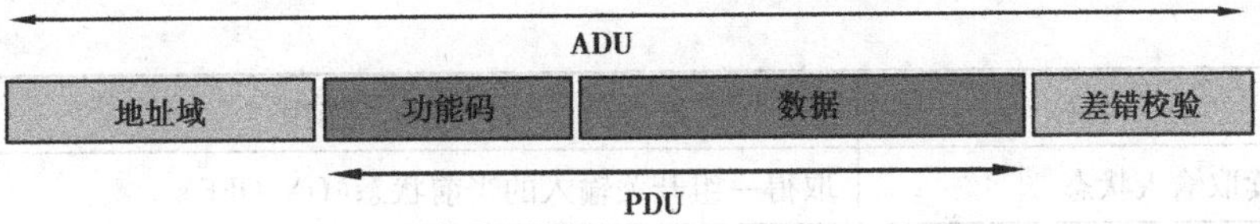

图5.5　Modbus RTU 协议帧格式

表5.2　Modbus RTU 协议帧各域长度

地址域	功能码	数据	差错校验
8 bit	8 bit	n×8 bit	16 bit

5.3.1　地址码

地址码是信息帧的第一个字节(8位),从0到255。每个从机都必须有唯一的地址。在下行帧中,表明只有符合地址码的从机才能接收由主机发送来的信息。在上行帧中,表明该信息来自何处。

备注:如果地址为0x00,则认为是一个广播命令,就是所有从机要接收主机发来的信息。规约规定广播命令必须是写命令,并且从站也不发送回答。

5.3.2　功能码

功能码是信息帧的第二个字节。ModBus 通信规约定义功能号为1到127。大多数设备只利用其中一部分功能码。下行帧中,通过功能码告诉从机执行什么动作。在上行帧中,从机发送的功能码与主机发送来的功能码一样,并表明从机已响应主机进行的操作,否则表明从机没有响应操作或发送出错。

5.3.3　数据

它因不同的功能码及不同的从机而不同。数据区可以是实际数据、状态值、参考地址及数据长度等。

5.3.4　CRC 码

CRC 码由发送设备计算,放置于发送信息的尾部。接收信息的设备再重新计算接收到的信息的 CRC 码,比较计算得到的 CRC 码是否与接收到的相符(或将接收到的信息除以约定的除数,应无余数),如果不相符(有余数),则表明出错。它用于保证主机或从机对传送过程中出错的信息起不了作用,增加了系统的安全与效率。

5.3.5　功能码

Modbus 协议支持多种功能码,各功能码作用见表5.3。

表5.3　各功能码作用

功能码	名称	作用
01	读取线圈状态	取得一组逻辑线圈的当前状态(ON/OFF)

续表

功能码	名称	作用
02	读取输入状态	取得一组开关输入的当前状态(ON/OFF)
03	读取保持寄存器	在一个或多个保持寄存器中取得当前的二进制值
04	读取输入寄存器	在一个或多个输入寄存器中取得当前的二进制值
05	强置单线圈	强置一个逻辑线圈的通断状态
06	预置单寄存器	把具体二进制值装入一个保持寄存器
07	读取异常状态	取得8个内部线圈的通断状态,这8个线圈的地址由控制器决定,用户逻辑可以将这些线圈定义,以说明从机状态,短报文适宜于迅速读取状态
08	回送诊断校验	把诊断校验报文送从机,以对通信处理进行评鉴
09	编程(只用于484)	使主 机模拟编程器作用,修改PC从机逻辑
10	控询(只用于484)	可使主机与一台正在执行长程序任务从机通信。探询该从机是否已完成其操作任务,仅在含有功能码9的报文发送后,本功能码才发送
11	读取事件计数	可使主机发出单询问,并判定操作是否成功,尤其是该命令或其他应答产生通信错误时
12	读取通信事件记录	可是主机检索每台从机的ModBus事务处理通信事件记录。如果某项事务处理完成,记录会给出有关错误
13	编程(184/384 484 584)	可使主机模拟编程器功能修改PC从机逻辑
14	探询(184/384 484 584)	可使主机与正在执行任务的从机通信,定期控询该从机是否已完成其程序操作,仅在含有功能13的报文发送后,本功能码才得发送
15	强置多线圈	强置一串连续逻辑线圈的通断
16	预置多寄存器	把具体的二进制值装入一串连续的保持寄存器
17	报告从机标识	可使主机判断编址从机的类型及该从机运行指示灯的状态
18	(884和MICRO84)	可使主机模拟编程功能,修改PC状态逻辑
19	重置通信链路	发生非可修改错误后,使从机复位于已知状态

在这些功能中,最常用的是01,02,03,04,05,06,15,16这8个功能,包含了读写单个线圈、读写多个线圈、读写单个保持寄存器、读写多个保持寄存器、读多个输入寄存器等功能。Modbus协议是一个master/slave架构的协议,每次通信过程中,都是由上位机首先发起下行通信,PLC接收到Modbus请求后操作对应寄存器,再返回上行数据。各功能下上行数据如下:

1)01号命令:读线圈

(1)下行数据

从地址0x0013开始,读取0x0025个线圈的状态,见表5.4。

表5.4 01号命令下行数据

地址域	功能码	数据		差错校验
		寄存器起始地址	读取线圈数量	
11	01	00 13	00 25	F9 C8

(2)上行数据

由于下行数据中主机要求从0x0013开始,读取0x0025=37个线圈的状态,每个线圈占1 bit,那么一共需要5个字节(5×8=40>37)才能装下这些线圈的状态。若设置的bit数不是8的整倍数,那么最高字节的多余位补0,此时的0不代表任何意义。第一个数据CD为二进制数0B11001101,表示从0x0013开始,到0x001A共8个线圈的状态,每一位对应一个线圈状态,0为分,1为合。01号命令上行数据见表5.5。

表5.5 01号命令上行数据

地址域	功能码	数据		差错校验
		数据区字节数	线圈状态	
11	01	05	CD 6B B2 0E 1B	18 8D

2)02号命令:读数字输入量

(1)下行数据

从地址0x0013开始,读取0x0025个数字输入量。02号命令下行数据见表5.6。

表5.6 02号命令下行数据

地址域	功能码	数据		差错校验
		寄存器起始地址	读取数字输入量	
11	02	00 13	00 25	F940

(2)上行数据

由于下行数据中主机要求从0x0013开始,读取0x0025=37个数字输入量,每个数字输入量占1 bit,那么一共需要5个字节才能装下这些数据。若询问的数据数量不是8的整倍数,那么最高字节的多余位补0,此时的0不代表任何意义。第一个数据CD为二进制数0B11001101,表示从0x0013开始,到0x001A共8个数字输入量,每一位对应一个数字输入量,0为低,1为高。02号命令上行数据见表5.7。

表5.7 02号命令上行数据

地址域	功能码	数据		差错校验
		数据区字节数	数字量输入状态	
11	02	05	CD 6B B2 0E 1B	1B BD

3)03号命令:读取保持寄存器

(1)下行数据

从地址0x006B开始,读取0x0003=3个保持寄存器值。03号命令下行数据见表5.8。

表 5.8　03 号命令下行数据

地址域	功能码	数据		差错校验
		寄存器起始地址	读取保持寄存器数量	
11	03	00 6B	00 03	F9 40

(2)上行数据

由于下行数据中主机要求从 0x006B 开始,读取 0x0003 = 3 个保持寄存器数据,每个保持寄存器占 2 Byte,那么一共需要 6 个 Byte 才能装下这些数据。读取到的 3 个保持寄存器数据都是 0x00DC。03 号命令上行数据见表 5.9。

表 5.9　03 号命令上行数据

地址域	功能码	数据		差错校验
		数据区字节数	保持寄存器数据	
11	03	06	00 DC 00 DC 00 DC	FD D1

4)04 号命令:读取输入寄存器

(1)下行数据

从地址 0x006B 开始,读取 0x0003 = 3 个输入寄存器数据。04 号命令下行数据见表 5.10。

表 5.10　04 号命令下行数据

地址域	功能码	数据		差错校验
		寄存器起始地址	读取输入寄存器数量	
11	04	00 6B	00 03	47 C3

(2)上行数据

由于下行数据中主机要求从 0x006B 开始,读取 0x0003 = 3 个输入寄存器数据,每个输入寄存器占 2 Byte,那么一共需要 6 个 Byte 才能装下这些数据。读取到的 3 个输入寄存器数据分别是 0x000A,0x000B,0x0009。04 号命令上行数据见表 5.11。

表 5.11　04 号命令上行数据

地址域	功能码	数据		差错校验
		数据区字节数	线圈状态	
11	04	06	00 0A 00 0B 00 09	96 84

5)05 号命令:写线圈

(1)下行数据

强行将 0x00AC 地址线圈设置为 1,开关的分闸命令为 0x00,合闸命令为 FF00,其余数值均为非法。05 号命令下行数据见表 5.12。

表5.12　05号命令下行数据

地址域	功能码	数据		差错校验
		寄存器起始地址	线圈状态	
11	05	00 AC	FF 00	F3 F6

(2)上行数据

已将0x00AC地址线圈设置为1。05号命令上行数据见表5.13。

表5.13　05号命令上行数据

地址域	功能码	数据		差错校验
		寄存器起始地址	线圈状态	
11	05	00 AC	FF 00	F3 F6

6)06号命令:写入保持寄存器

(1)下行数据

强行将地址为0x0001的保持寄存器值设置为0x0032。06号命令下行数据见表5.14。

表5.14　06号命令下行数据

地址域	功能码	数据		差错校验
		寄存器地址	写入值	
11	06	00 01	00 32	79 B9

(2)上行数据

设置成功,将地址为0x0001的保持寄存器值设置为0x0032。06号命令上行数据见表5.15。

表5.15　06号命令上行数据

地址域	功能码	数据		差错校验
		寄存器地址	写入值	
11	06	00 01	00 32	79 B9

7)15号命令:写多个线圈

(1)下行数据

强行设置地址为0x0013开始的0x0002=2个线圈。由于2个线圈需要1 Byte数据才能装下,因此数据长度为0x01,设置的线圈状态为0B00000001。由于仅设置2个线圈,因此仅第0 bit和第1 bit有效,其中第0 bit合闸,第1 bit分闸,其他位无效。15号命令下行数据见表5.16。

表 5.16　15 号命令下行数据

地址域	功能码	数据				差错校验
		寄存器起始地址	寄存器数量	数据长度(Byte)	线圈状态	
11	0F	00 13	00 02	01	01	98 9B

(2)上行数据

设置地址为 0x0013 开始的 0x0002 = 2 个线圈成功。15 号命令上行数据见表 5.17。

表 5.17　15 号命令上行数据

地址域	功能码	数据		差错校验
		寄存器起始地址	寄存器数量	
11	0F	00 13	00 02	5F 27

8)16 号命令:预置多个保持寄存器

(1)下行数据

强行设置地址为 0x2710 开始的 0x0005 = 5 个保持寄存器。由于 5 个保持寄存器需要 10 Byte 数据才能装下,因此数据长度为 0x0A,设置的寄存器数据为 0x07D2,0x0A09,0x000C,0x0E0D,0x0000。16 号命令下行数据见表 5.18。

表 5.18　16 号命令下行数据

地址域	功能码	数据				差错校验
		寄存器起始地址	寄存器数量	数据长度(Byte)	寄存器状态	
11	10	27 10	00 05	0A	07 D2 0A 09 00 0C 0E 0D 00 00	DD D5

(2)上行数据

设置 2710 开始的 0x0005 = 5 个保持寄存器成功。06 号命令上行数据见表 5.19。

表 5.19　06 号命令上行数据

地址域	功能码	数据	
		寄存器起始地址	寄存器数量
11	10	27 10	00 05

5.4　Modbus ASCII 协议帧格式

5.4.1　Modbus ASCII 与 Modbus RTU 的区别

Modbus ASCII 协议帧所包含信息与 Modbus RTU 完全相同,只是具体的协议格式不一样。

具体如下：

1)帧起始和结束符不同

在 Modbus ASCII 传输模式下，消息帧以英文冒号“:”(3A)开始，以回车(0D)和换行(0A)结束，而 Modbus RTU 没有特别的帧起始和结束符。

2)传输符号集合不同

在 Modbus ASCII 模式下，允许传输的数据集为字符“0”~“9”和“A”~“F”，而 Modbus RTU 以 8 bit 的二进制数据为基本单位进行传输。

3)数据表示方式不同

在 Modbus RTU 模式下，以 8 bit 二进制数据表达 00H ~ FFH 之间的任意十六进制数，而在 Modbus ASCII 模式下，使用两个字符表达 00H ~ FFH 之间的任意十六进制数。例如，在 Modbus RTU 模式下使用 8 bit 二进制数 10100011B 表达十六进制数 A3H，而在 Modbus ASCII 使用两个字符“A”“3”标识十六进制数 A3H。

4)校验不同

在 Modbus RTU 模式下使用 CRC 校验方法，而 Modbus ASCII 使用 LRC(纵向冗长检测)。

5.4.2　两种模式帧结构对比

以 01 号命令(读线圈)为例对比两种模式的区别与联系。

下行数据：Modbus RTU 模式下没有特定帧起始符，而 Modbus ASCII 使用字符“:”标识帧起始；当地址域为十六进制数 11H 时，Modbus RTU 直接使用二进制数表示地址 11H，而 Modbus ASCII 使用两个字符“1”“1”表示地址 11H；与地址域类似，Modbus RTU 使用二进制数表达需要传输的功能码和数据，而 Modbus ASCII 使用字符进行表示；在差错校验中，两种模式分别选择 CRC 和 LRC 进行帧校验；最后，Modbus RTU 没有使用任何符号表示帧结束，而 Modbus ASCII 使用符号“\n”标识帧已经发送完毕。01 号命令下行数据见表 5.20。

表 5.20　01 号命令下行数据

模式	帧起始	地址域	功能码	数据		差错校验	帧结束
				寄存器起始地址	读取线圈数量		
RTU	—	11	01	00 13	00 25	CRC	—
ASCII	“:”	“11”	“01”	“0013”	“0025”	LRC	“\n”

两种模式下的上行数据区别与下行数据类似。01 号命令上行数据见表 5.21。

表 5.21　01 号命令上行数据

模式	帧起始	地址域	功能码	数据		差错校验	帧结束
				寄存器起始地址	读取线圈数量		
RTU	—	11	01	05	CD 6B B2 0E 1B	CRC	—
ASCII	“:”	“11”	“01”	“05”	“CD 6B B2 0E 1B”	LRC	“\n”

5.4.3 LRC(纵向冗长检测)

Modbus ASCII 模式使用 LRC 校验帧错误,LRC 域检测了消息域中除开始的冒号及结束的回车换行号外的内容。LRC 域是一个包含一个 8 位二进制值的字节。LRC 值由传输设备来计算并放到消息帧中,接收设备在接收消息的过程中计算 LRC,并将它和接收到消息中 LRC 域中的值比较,如果两值不等,说明有错误。LRC 方法是将消息中的 8 bit 的字节连续累加,丢弃了进位。

本章小结

MODBUS 通信协议最早被用于 PLC 数据传输,现被广泛应用于各种应用场景。该通信协议建立在硬件通信总线基础上,如以太网和前一章所介绍 UART 通信总线。通过学习本章的内容,形成对 PLC 线圈和寄存器的认识和理解,并在此基础上掌握 MODBUS 协议帧格式。

思考题

1. PLC 全称是什么? 它主要用于哪些应用场景?
2. 数字量的含义是什么? 模拟量的含义是什么?
3. PLC 中线圈的含义是什么? 寄存器的含义是什么?
4. MODBUS 协议有哪几种格式? 它们各有什么特点?
5. MODBUS 协议有哪几种命令? 它们各有什么作用? 各自帧格式是怎样的?

第6章 现场总线 CAN 原理及应用技术

6.1 现场总线

6.1.1 什么是现场总线

顾名思义,现场总线应当是应用在生产最底层的一种总线型拓扑的网络。进一步讲,这种总线是用作现场控制系统的、直接与所有受控(设备)节点串行相连的通信网络。工业自动化控制的现场范围可从一台家电设备到一个车间、一个工厂。受控设备和网络所处的环境可能很特殊,对信号的干扰往往是多方面的,而要求控制必须是实时性很强,这就决定了现场总线有别于一般网络的特点。

6.1.2 现场总线控制系统

要实现控制系统的高度分散化,需要一种性能好、价格低的底层通信网络的连接现场仪表设备,称为现场总线。同时,现场设备要实现智能化,即具有通信、自诊断及保护、数据计算、测控输入输出等功能。

现场总线控制系统(FCS)就是用开放的现场总线网络将自动化系统最底层的现场设备互联的实时网络控制系统。它在结构上更加分散,可分为两层,即现场控制网和管理协调网。如图 6.1 所示为现场总线控制系统的结构模型。图中的现场总线给出了多种通信介质,也不限定只用一个总线标准。

现场总线控制系统 FCS 在结构上与传统的集散控制系统 DCS 相比,产生了很大的变化,主要有以下 5 个方面:

①FCS 的信号传输实现了全数字化,从最底层的传感器和执行机构采用现场总线网络起,逐层向上直至最高层均为通信网络互联。

②FCS 系统结构是全分散式,废弃了 DCS 的输入/输出单元和控制站,由现场设备或现场仪表取代,即把 DCS 控制站的功能化整为零,分散地分配给现场仪表,从而构成虚拟的控制站,实现彻底的分散控制。

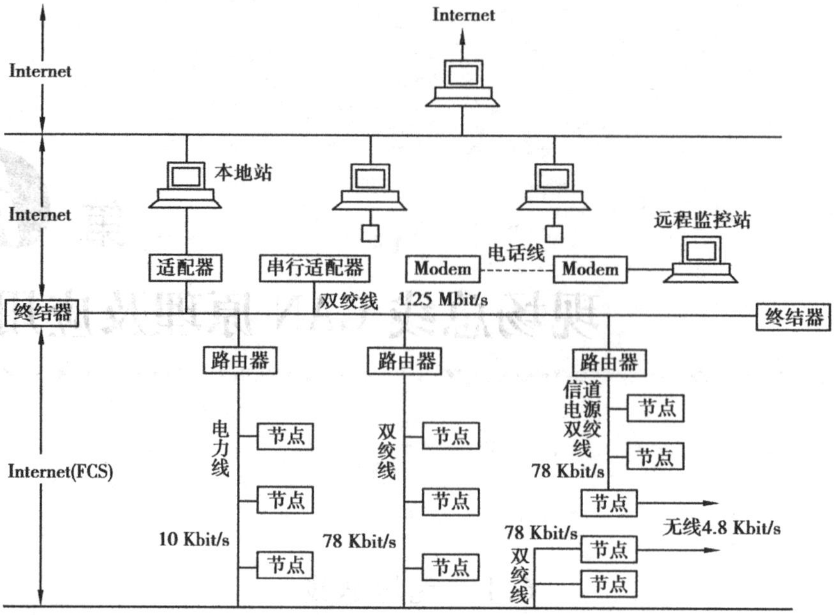

图 6.1　现场总线控制系统的结构模型

③FCS 的现场设备具有互操作性,不同厂商的现场设备既可互联也可互换,并可统一组态,彻底改变传统 DCS 控制层的封闭性和专用性。

④FCS 的通信网络为开放式互联网络,既可与同层网络互联,也可与不同层网络互联,用户可极其方便地共享网络数据库。

⑤FCS 技术和标准实现了全开放,从总线标准、产品检验到信息发布完全是公开的,面向世界任何一个制造商和用户。

现场总线控制系统的核心是现场总线。现场总线技术是计算机技术、通信技术和控制技术的综合与集成,它的出现将使传统的自动控制系统产生革命性变革:变革传统的信号标准、通信标准和系统标准,变革现有自动控制系统的体系结构、设计方法、安装调试方法和产品结构。

6.1.3　现场总线的发展

20 世纪 80 年代,现场总线技术才开始形成和发展,这是与微型计算机,特别是嵌入式系统的高速发展分不开的。在十几年的时间中,已出现了好几种现场总线技术走向成熟并且得到逐步的推广应用,显示出特有的优势和强大的生命力。下面对几种影响力较大的现场总线作简单介绍。

1)基金会现场总线

基金会现场总线 FF(Foundation Fieldbus),前身是以美国 Fisher-Rosernount 公司为首,联合 Foxboro、横河、ABB、西门子等 80 家公司制订的 ISP 协议,以及以 Honeywell 公司为首,联合欧洲等地的 150 家公司制订的 World FIP 协议。1994 年,这两大集团合并,成立了现场总线基金会,致力于开发出国际上统一的现场总线协议。

基金会现场总线分低速 H1 和高速 H2 两种通信速率。H1 的传输速率为 31.25 Kbit/s,通信距离可达 1 900 m(可加中继器延长),可支持总线供电,支持本质安全防爆环境。H2 的传输速率可为 1 Mbit/s 和 2.5 Mbit/s 两种,其通信距离分别为 750 m 和 500 m。物理传输介质可支持双绞线、光缆和无线发射,协议符合 IEC1158-2 标准。FF 物理媒介的传输信号采用曼彻斯特编码。另外,传输速率为 100 Mbit/s 的 HSE(High Speed Ethernet——高速以太网)也正在 FF 中发展。

基金会现场总线的主要技术内容包括有:FF 通信协议;用于完成开放互联模型中第 2—7 层通信协议的通信栈(Communication Stack);用于描述设备特征、参数、属性及操作接口的 DDL 设备描述语言;设备描述字典;用于实现测量、控制、工程量转换等应用功能的功能块,实现系统组态,调度、管理等功能的系统软件技术,以及构筑集成自动化系统、网络系统的系统集成技术。

2) LonWorks

LonWorks 是由美国 Echelon 公司推出并由它与摩托罗拉、东芝公司共同倡导,于 1990 年正式公布而形成的。它采用了 ISO/OSI 模型的全部 7 层通信协议,采用了面向对象的设计方法,通过网络变量把网络通信设计简化为参数设置,其通信速率从 300 bit/s 至 1.5 Mbit/s 不等,直接通信距离可达 2 700 m(78 Kbit/s,双绞线);支持双绞线、同轴电缆、光纤、射频、红外线、电力线等通信介质,并开发了相应的本质安全防爆产品,被誉为通用控制网络。

LonWorks 技术所采用的 IonTalk 协议被封装在称为 Neuron 的神经元芯片中而得以实现。集成芯片中有 3 个 8 位 CPU,第 1 个用于完成开放互联模型中第 1 层和第 2 层的功能,称为媒体访问控制处理器,实现介质访问的控制与处理;第 2 个用于完成第 3 ~ 6 层的功能,称为网络处理器,进行网络变量的寻址、处理、背景诊断、路径选择、软件计时、网络管理,并负责网络通信控制,收发数据包等;第 3 个是应用处理器,执行操作系统服务与用户代码。芯片中还具有存储信息缓冲区,以实现 CPU 之间的信息传递,并作为网络缓冲区和应用缓冲区。

3) PROFIBUS

PROFIBUS 是德国国家标准 DIN19245 和欧洲标准 EN50170 的现场总线标准。由 PROFIBUS-DP, PROFIBUS-FMS, PROFIBUS-PA 组成了 PROFIBUS 系列。DP 型用于分散外设间的高速数据传输,适合于加工自动化领域的应用。FMS 意为现场信息规范,PROFIBUTFMS 适用于纺织、楼宇自动化、可编程控制器、低压开关等。而 PA 型则是用于过程自动化的总线类型,它遵从 IEC1158-2 标准。该项技术是以西门子公司为主的十几家德国公司、研究所共同推出的。它采用了 OSI 模型的物理层,数据链路层。FMS 还采用了应用层。传输速率为 9.6 Kbit/s ~ 12 Mbit/s,最大传输距离在 12 Mbit/s 时为 100 m,1.5 Mbit/s 时为 400 m,可用中继器延长至 10 km。其传输介质可以是双绞线,也可以是光缆。最多可挂接 127 个站点。可实现总线供电与本质安全防爆。

4) HART

HART(Highway Addressable Remote Transducer)可寻址远程传感器高速数据通道,是美国 Rosemount 公司提出的一种用于现场智能仪表和控制室设备之间的通信协议。HART 通信采用的是半双工的通信方式,特点是在现有模拟信号传输线上实现数字通信。HART 协议参照 ISO/OSI 模型的第 1,2,7 层,即物理层、数据链路层和应用层,主要有以下特征:

(1) 物理层

采用基于 Bell202 通信标准的 FSK 技术,即在 4 ~ 20mA DC 模拟信号上叠加 FSK 数字信号,逻辑 1 为 1 200 Hz,逻辑 0 为 2 200 Hz,波特率为 1 200 bps,调制信号为 ±0.5 mA 或 0.25 V

(250 Ω 负载)。用屏蔽双绞线单台距离 3 000 m,而多台设备互联距离 1 500 m。

(2)数据链路层

数据帧长度不固定,最长 25 个字节。寻址范围 0 ~ 15,当地址为 0 时,则处于 4 ~ 20 mA DC 与全数字通信兼容状态;当地址为 1 ~ 15 时,则处于全数字通信状态。通信模式为“问答式”或“广播式”。

(3)应用层

规定了 3 类命令:第一类是通用命令,适用于遵守 HART 协议的所有产品;第二类是普通命令,适用于遵守 HART 协议的大部分产品;第三类是特殊命令,适用于遵守 HART 协议的特殊产品。另外,为用户提供了设备描述语言 DDL。

5) CAN

CAN(Controller Area Network)总线是本章的重点。后面对它的特点给予较详细的介绍。

6.2 CAN 总线简介

6.2.1 什么是 CAN 总线

CAN(Controller Area Network,控制器局域网)是一种高性能、高可靠性、易开发且低成本的现场总线,在全球得到广泛应用,也是最早在我国应用的现场总线之一。CAN 是 20 世纪 80 年代(1983)德国 Bosch(博世)公司为解决众多的测量控制部件之间的数据交换问题而开发的一种串行数据通信总线。最初,CAN 作为汽车的监测、控制系统而设计,在车载各电子控制装置 ECU 之间交换信息,形成汽车电子控制网络。例如,发动机管理系统、变速箱控制器、仪表装备、电子主干系统中,均嵌入 CAN 控制装置。现在,由于 CAN 总线自身的特点,其应用领域已由汽车行业扩展到过程工业、机械工业、机器人和楼宇自动化等领域。

6.2.2 CAN 总线的特点

CAN 与其他现场总线相比,具有突出的可靠性、实时性和灵活性。其技术特点如下。

①CAN 从本质上讲是一种多主或对等网络,网络上任一节点均可主动发送报文,不分主从,通信方式灵活。

②废除了传统的站地址编码,而代之以对通信数据进行编码;通过报文过滤,可实现点对点、多点播送(传送)、广播等几种数据传送方式。

③采用短帧结构,传输时间短,受干扰概率低,具有极好的检错效果。CAN 的每帧信息都有 CRC 及其他检错措施,降低了数据出错概率。

④具有多种检错措施及相应的处理功能,检错效果极好,处理功能很强,保证了通信的高可靠性。位错误和位填充错误检测、CRC 校验、报文格式检查和应答错误检测及相应的错误处理。

⑤通信介质(媒体)可为双绞线、同轴电缆或光纤,选择灵活。

⑥总线长度可达 10 km(速率为 5 Kbit/s 及其以下);网络速度可达 1 Mbit/s(总线长度为 40 m 及其以下)。

⑦网络上的节点数主要取决于总线驱动电路，目前可达 110 个；标准格式的报文标识符可达 2032 个，而扩展格式的报文标识符的个数几乎不受限制。

⑧通过报文标识符来定义节点报文的优先级。对实时性要求不同的节点报文，可定义不同级别的优先级，从而保证高优先级的节点报文得到优先发送。

⑨采用非破坏性逐位仲裁机制来解决总线访问冲突。通过采用这种机制，当多个节点同时向总线发送信息时，优先级较低的节点会主动退出发送，而最高优先级的节点可不受影响地继续传输数据，从而大大节省了总线冲突仲裁时间，即使在网络负载很重时，也不会出现网络瘫痪现象。

⑩发生严重错误的节点具有自动关闭输出的功能，以使总线上其他节点的通信能够继续进行。

6.3　CAN 局域网技术及其规范简介

CAN 的基本概念如下：

1）报文

总线上的信息以固定格式的报文进行传输，报文（messages）的长度可以不同，但都是有限的。当总线空闲时，任何已连接的节点都可以开始发送新的报文。在 CAN 总线里，报文就是数据链路层的数据传输节点，即“帧”。每帧的长度因为类型和数据的差异在 44 ~ 108 位（标准格式帧）或 64 ~ 128 位（扩展格式帧）变化，这里未包括位填充产生的长度。

2）信息路由（information routing）

确定信息在 CAN 总线中传送的路径和机制。在 CAN 总线的系统里，CAN 协议废除了站地址编码，它传输的报文不包含源地址或目标地址，而代之以对通信数据进行编码，即用标识符来指示功能信息、优先级信息，这可使不同的节点同时接收到相同的数据。这些特点使得 CAN 总线构成的网络各节点之间的数据通信实时性强，并且容易构成冗余结构。这使 CAN 系统具有以下 4 个重要特性：

（1）系统灵活性

无须应用层和任何节点的软硬件做任何改变，CAN 节点可直接添加到 CAN 网络中。

（2）报文路由

报文由标识符来区别和命名，标识符不必指出报文的目的地址，只描述所传输数据的含义。因此，网络上所有的节点可通过标识符过滤确定是否采用该报文。

（3）多点传送

由于引入了报文过滤的概念，不仅可实现点对点，还可实现多点传送和广播等数据传送方式。

（4）数据一致性

在 CAN 网络内，可保证一个报文同时被所有的节点采用或不被采用。因此，系统的数据一致性由多点传送的机制和错误处理的机制来保证。

3）比特率

比特率（bit rate）用于描述在 CAN 总线中数据的传输速率。在不同的系统中，CAN 的传输速率是不同的。但是,在一个给定的系统里,比特率是统一的和固定的。

4)优先权

在总线访问期间,报文的优先权(priorities)是由标识符定义的。通俗地讲,就是标识符ID号越小,则该报文拥有的优先权越高。

5)远程数据请求

通过发送远程帧,一个需要数据的节点可请求另一节点发送相应的数据帧,称为远程数请求(remote data request)。数据帧和相应的远程帧具有相同的标识符。

6)多主站

总线空闲时,任何节点都可以开始传送报文。因此,CAN总线为多主站(multimaster)总线,各节点均可在任意时刻主动向网络上的其他节点发送信息,不分主从,通信灵活;当然发送较高优先权报文的节点获得总线访问权。

7)仲裁

当总线空闲时,多个节点同时申请使用总线,解决总线冲突的机制就是仲裁(arbitration)。在CAN总线系统里,只要总线空闲,任何节点都可以开始发送报文。如果两个或两个以上的节点同时开始传送报文,那么总线访问冲突就通过标识符的逐位仲裁来解决。仲裁的机制确保了信息和时间都不会损失。当具有相同标识符的数据帧和远程帧同时发出时,数据帧优先于远程帧。仲裁期间,每一个发送器都对发送位的电平与监测到的总线电平进行比较。如果电平相同,那么这个节点可以继续发送。如果发送的是一"隐性"电平而监测到的是一"显性"电平,那么该节点已经失去了仲裁,必须退出,不能再发送后续位。

8)安全性

为了获得尽可能高的数据传送安全性(safety),在CAN的每一个节点中均采取了强有力的措施,以便于错误检测、出错标定和错误自检。

错误检测的措施如下:

①监视(发送器对发送位的电平与被监控的总线电平进行比较)。

②循环冗余检查。

③位填充。

④报文格式检查。错误检测机制具有的属性。

⑤检测到所有的全局错误。

⑥检测到发送器所有的局部错误。

⑦可检测到报文里多达5个任意分布的错误。

⑧检测到报文里长度低于15(位)的突发性错误。

⑨检测到报文里任意奇数个的错误。

⑩未检出的已损报文的残余错误概率小于4.7×10^{-11}。

9)错误标定和恢复时间

任何检测到错误的节点会标志出损坏的报文,此报文会失效并将自动地开始重新传送。如果不再出现错误的话,从检测到错误到下一报文的传送开始为止,恢复时间最多为31个位的时间。

10)故障界定

故障界定(fault confinement)是指CAN节点能把永久故障和短暂扰动区别开来。故障的节点会被关闭。

11）连接

CAN串行通信链路是可连接（connections）许多节点的总线。理论上，可连接无数多的节点，但实际由于受延迟时间或者总线线路上电气负载的影响，连接节点的数量是有限的。

12）单通道

总线包括有一单独的通道（Single Channel）。通过此通道可获得数据的再同步报文。要使此通道实现通信，有许多的方法可以采用，如使用单芯线（加上接地）、两条差分线、光缆等。这本技术规范不限制这些方法的使用。

13）总线值

总线有一个补充的逻辑值，即显性或隐性。"显性"位和"隐性"位同时传送时，总线的结果值为"显性"。例如，在总线的"写—与"执行时，逻辑0代表"显性"等级，逻辑1代表"隐性"等级。本技术规范不包括表示逻辑等级的物理状态（如电压、灯光）。

14）应答

应答（acknowledgment）用于所有的接收器检查报文的连贯性。对连贯的报文，接收器应答；对不连贯的报文，接收器做出标志。

15）睡眠模式/唤醒

为了减少系统电源的功率消耗，可将CAN器件设为睡眠模式（sleep mode）以便停止内部活动及断开与总线驱动器的连接。CAN器件可由总线激活，或系统内部状态而被唤醒（wake-up）。唤醒时，虽然MAC子层要等待一段时间使振荡器稳定，然后还要等待一段时间直到与总线活动同步（通过检查11个连续的"隐性"的位），但在总线驱动器被重新设置为"总线在线"之前，内部运行已重新开始。

16）振荡器容差（oscillator tolerance）

凭经验位定时要求允许把陶瓷谐振器使用在传输率高达125 Kbit/s的应用中。

6.4　CAN的分层结构

现场总线是一种开放式实时系统，具有简化的网络结构。CAN总线的互联结构也是根据国际标准化组织的OSI参考模型制订的，是在OSI参考模型的基础上简化而来。

CAN分层结构定义了其中的3层：物理层、数据链路层和应用层。前两层已被CAN的硬件所实现，而应用层可由用户自行定义，设计成适合其应用领域的不同方案。在广泛采用的CAN2.0B规范中，数据链路层包括逻辑链路控制子层（LLC）和媒体访问控制子层（MAC）。CAN报文标识符在两层中都被使用；MAC子层用它作为协议帧优先级的表征；LLC子层则用它作为协议帧的标志，是为了接收节点对信息进行验收滤波。CAN层次结构如图6.2所示。

1）数据链路层

逻辑链路控制子层（LLC）的作用范围如下：

①为远程数据请求以及数据传输提供服务。

②确定由实际要使用的LLC子层接收哪一个报文。

③为恢复管理和过载通知提供手段。

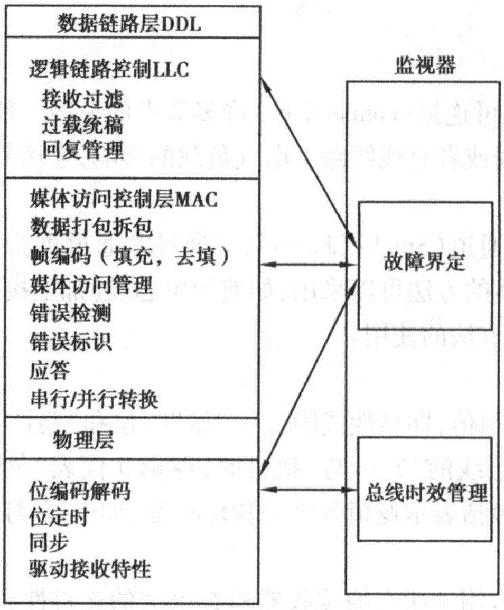

图 6.2　CAN 层次结构

可知,LLC 子层涉及报文过滤、超载通知和恢复管理。

媒体访问控制子层(MAC)的作用主要是传送规则,也就是控制帧结构、执行仲裁、错误检测、出错标定、故障界定。总线上什么时候开始发送新报文及什么时候开始接收报文,均在 MAC 子层里确定。位定时的一些普通功能也可看成 MAC 子层的一部分。理所当然,MAC 子层的修改是受到限制的。MAC 子层是 CAN 协议的核心。它把接收到的报文提供给 LLC 子层,并接收来自 LLC 子层的报文。MAC 子层负责报文分帧、仲裁、应答、错误检测及标定。MAC 子层也称故障界定的管理实体监管。

2)物理层

物理层的作用是在不同节点之间根据所有的电气属性进行位的实际传输。同一网络的物理层对于所有的节点当然是相同的。物理层定义信号是如何实际地传输的,因此涉及位时间、位编码、同步的解释。本技术规范没有定义物理层的驱动器/接收器特性,以便允许根据它们的应用,对发送媒体和信号电平进行优化。

6.5　CAN 总线中的逻辑电平

CAN 中的总线数值为两种互补逻辑数之一:“显性”或“隐性”。显性(dominant)数值表示逻辑“0”,而隐性(recessive)数值表示逻辑“1”。CAN 总线位原理图如图 6.3 所示。显性位和隐性位同时发送时,最后总线数值为显性。在隐性状态下,V_{CANH} 和 V_{CANL} 被固定于平均电压电平,V_{diff} 近似为 0。

在总线空闲或隐性位期间,发送“隐性”状态。“显性”状态用大于最小阈值的差分电压表示。如图 6.4 所示,显性位期间,“显性”状态改写“隐性”状态并发送。

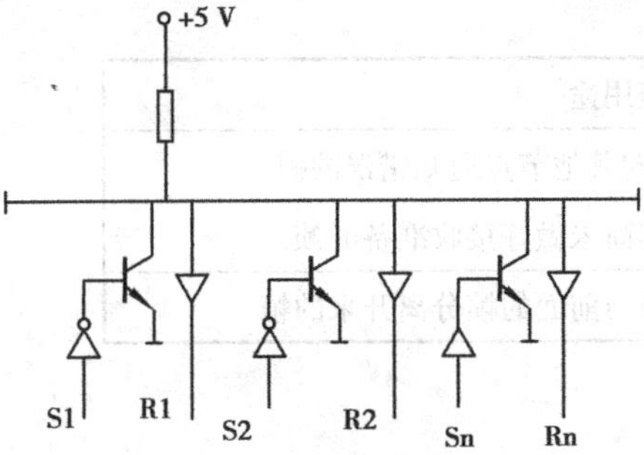

图6.3　CAN总线位原理图

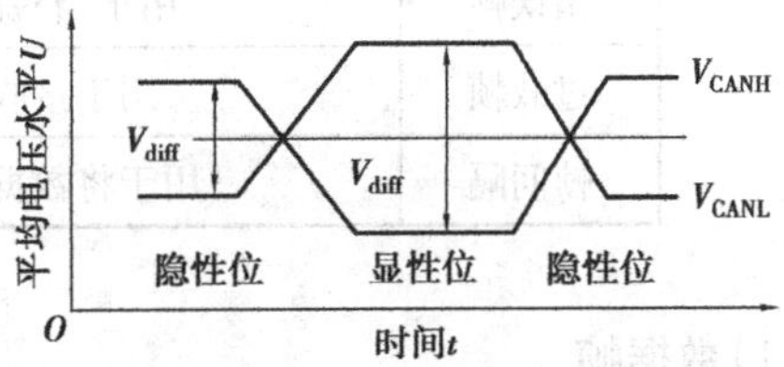

图6.4　CAN总线位的数值表示

6.6　报文传送、帧格式和帧类型

6.6.1　报文传送

在CAN网络中一个发出报文的节点,称为该报文的发送器,并且保持该身份直至总线空闲或丢失仲裁。如果一个节点不是这条报文的发送器,而且总线不为空闲,则该节点被称为接收器。

报文过滤是CAN总线的一大特色。通过报文过滤。能使相关的报文被正确接收和处理。不相关的报文虽被接收但不被采用,极大节省了节点的资源。报文过滤是基于整个报文标识签的,屏蔽码寄存器可使标识符中的任意一位在报文过滤中成为“不相关”的。因此,可用于标识符组的选择。如果应用屏蔽码寄存器,寄存器的每一位都必须是可编程的。也就是说,所有位都能被使能或禁止用于报文过滤。屏蔽码寄存器的长度既可包含整个标识符,也可只包含部分标识符。

6.6.2　CAN总线的帧格式

在CAN总线2.0B规范中,有两种不同的帧格式,不同之处为标识符场的长度不同。具有11位标识符的帧,称为标准帧,而含有29位标识符的帧,称为扩展帧。数据帧和远程帧都可使用标准帧格式或扩展帧格式。它们可通过帧间间隔与先前的帧来区分开。

6.6.3　CAN总线的帧类型

在CAN总线系统中,报文传输(数据)在节点间接收和发送是以4种不同类型的帧和一个帧间隔来控制的。它们是数据帧、远程帧、错误帧、过载帧及帧间隔。另外,数据帧和远程帧有标准和扩展两种格式。标准格式有11位的标识符(identifier,ID),扩展格式有29位的ID。帧的种类及用途见表6.1。

表6.1　帧的种类及用途

帧类型	帧用途
数据帧	用于发送节点向接收节点传送数据的帧
远程帧	用于接收节点向具有相同ID的发送节点请求数据的帧

续表

帧类型	帧用途
错误帧	用于当检测出错误时向其他节点通知错误的帧
过载帧	用于接收节点通知其尚未做好接收准备的帧
帧间隔	用于将数据帧及远程帧与前面的帧分离开来的帧

1)数据帧

数据帧(data frame)7 个不同的位场组成,如图 6.5 所示。

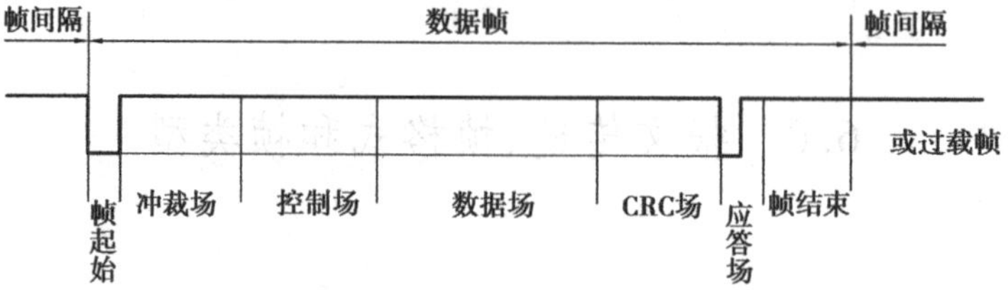

图 6.5 数据帧示意图

①帧起始(start of frame):数据帧开始的场。

②仲裁场(arbitration frame):该帧的优先级的场。

③控制场(control frame):数据的字节数以及保留位的场。

④数据场(data frame):数据的内容,可发送 0 ~8 字节的数据,数据场长度可以为 0。

⑤CRC 场(CRC frame):检查帧的传输错误的场。

⑥应答场(ACK frame):确认正常接收的场。

⑦帧结束(End of Frame):数据帧结束的场。

2)远程帧

通过发送远程帧,作为数据接收器的节点可发起各自数据源的数据传送,即向数据发送器请求发送具有相同 ID 的数据帧。远程帧也有标准格式和扩展格式,而且都由 6 个不同的位场组成:帧起始、仲裁场、控制场、CRC 场、应答场及帧结束,如图 6.6 所示。

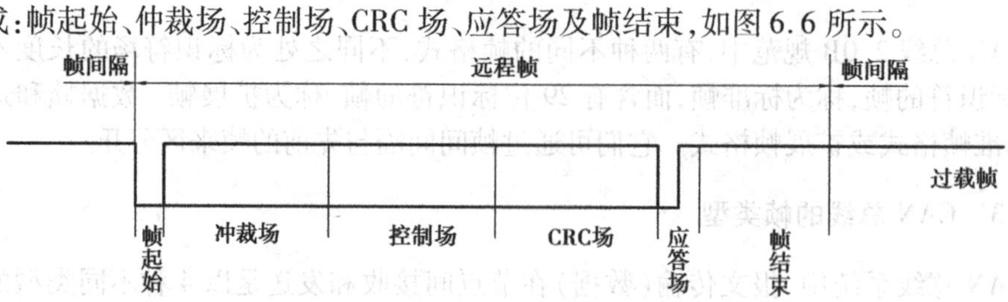

图 6.6 远程帧示意图

与数据帧相反,远程帧的 RTR 位是隐性的。它没有数据场,数据长度代码的数值是不受制约的(可标注为允许范围内 0 ~8 的任何数值)。此数值是相应于数据帧的数据长度代码。

RTR 位的极性表示了所发送的帧是一数据帧(RTR 为显性)还是一远程帧(RTR 为隐性)。

3)错误帧

错误帧由两个不同的场组成:第一个场是由不同节点提供的错误标志(error flag)的叠

加;第二个场是错误界定符,如图 6.7 所示。

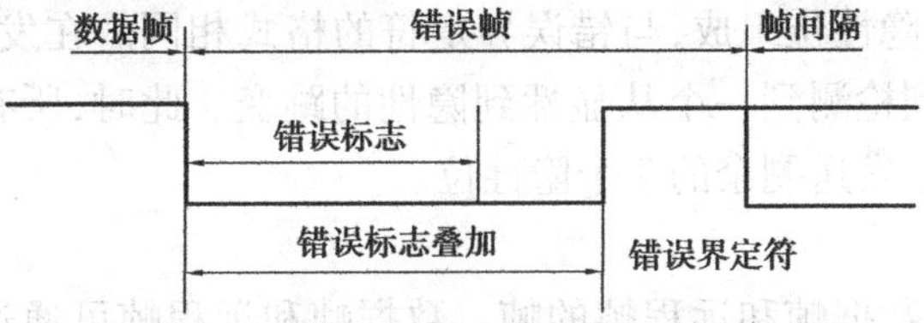

图 6.7　错误帧示意图

错误标志有两种形式:积极错误标志(active error flag)和消极错误标志(passive error flag)。积极错误标志由 6 个连续的显性位组成,而消极错误标志由 6 个连续的隐性位组成,除非被其他节点的显性位覆盖。

一个错误积极节点如果检测到一个错误条件,会发送一个积极错误标志进行标识。这一错误标志违反了位填充规则(填充规则适用于从帧起始到 CRC 界定符之间的所有场)或破坏了应答场和帧结束场的固定格式,结果是引起其他节点检测到新的错误条件并各自开始发送错误标志。因此,这个在总线上可被监测到的显性位序列是各个节点发出的不同错误标志叠加的结果。该序列的总长度在 6 ~ 12 位变化。

一个错误消极节点如果检测到一个错误条件,会试图发送一个消极错误标志进行标识。这错误消极节点等待 6 个具有相同极性的连续位,等待从消极错误标志的起始开始。当检测到 6 个相同极性的连续位时,消极错误标志的发送即完成。

错误界定符由 8 个隐性位组成。错误标志发出后,每个节点都发送隐性位,并监视总线直到检测到隐性位,随后开始发送剩余的 7 个隐性位。

4)过载帧

过载帧由过载标志和过载界定符组成,如图 6.8 所示。存在 3 种过载条件,它们都会引起过载标志的发送:

①接收器要求延迟下一数据帧或远程帧的到达。

②在帧间间隔间歇场的第一和第二位检测到显性位。

③如果一个 CAN 节点在错误界定符或过载界定符的第 8 位(最后一位)采样到一个显性位,则节点会发送一个过载帧(而不是错误帧)。错误计数器不会增加。

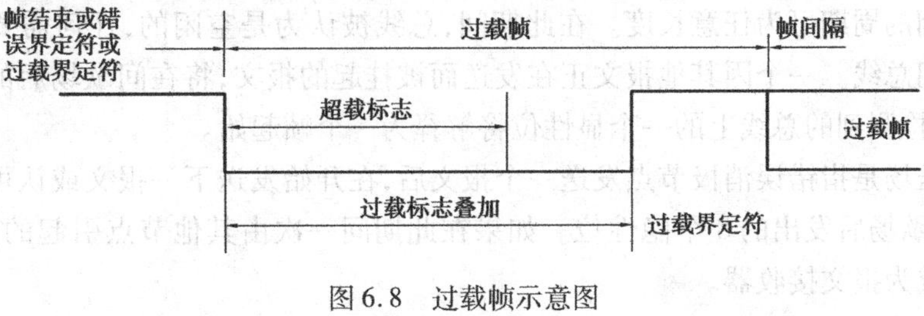

图 6.8　过载帧示意图

由于条件 1 引发的过载帧只允许在期望的间歇场的第一位的时间开始,而由于条件 2 和条件 3 引发的过载帧在检测到显性位的后一位开始。

最多可以产生两个过载帧来延迟下一数据帧或远程帧。

过载标志由 6 个显性位组成,其全部形式与积极错误标志一样。过载标志破坏了帧间隔间歇场的固定格式,结果其他节点也检测到一个过载条件,并各自开始发送过载帧。如果在帧间间隔间歇场的第 3 位期间检测到一个显性位,则该位将解释为帧起始。这与 CAN 规范

1.0 和 1.1 的解释不完全一致。

过载界定符由 8 个隐性位组成,与错误界定符的格式相同。在发送一个过载标志后,节点会一直监测总线,直到检测到一个从显性到隐性的跳变。此时,所有节点都已完成过载标志的发送,并且同时开始发送剩余的 7 个隐性位。

5) 帧间隔

帧间隔是用于分隔数据帧和远程帧的帧。数据帧和远程帧可通过插入帧间隔将本帧与前面的任何帧(数据帧、远程帧、错误帧、过载帧)分开。过载帧和错误帧之前没有帧间隔,多个过载帧之间也不是通过帧间隔分开的。

帧间隔包括间歇场、总线空闲场以及可能的暂停发送域。只有刚发送出前一报文的错误消极节点才需要暂停发送场。

非错误消极节点或者作为前一报文接收器的节点的帧间隔如图 6.9 所示。作为前一报文发送器的错误消极节点的帧间隔如图 6.10 所示。

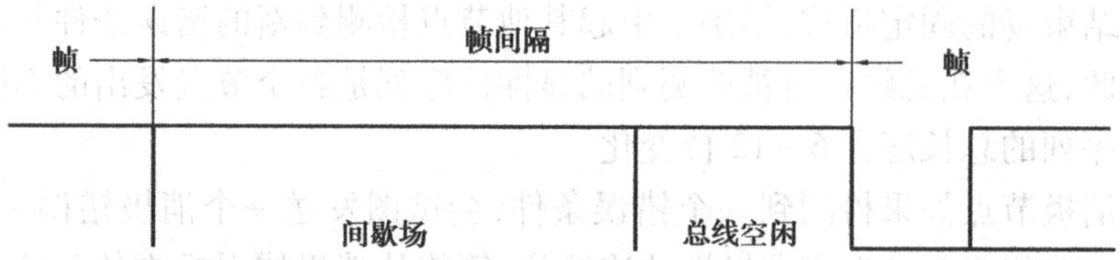

图 6.9　非错误消极节点帧间隔

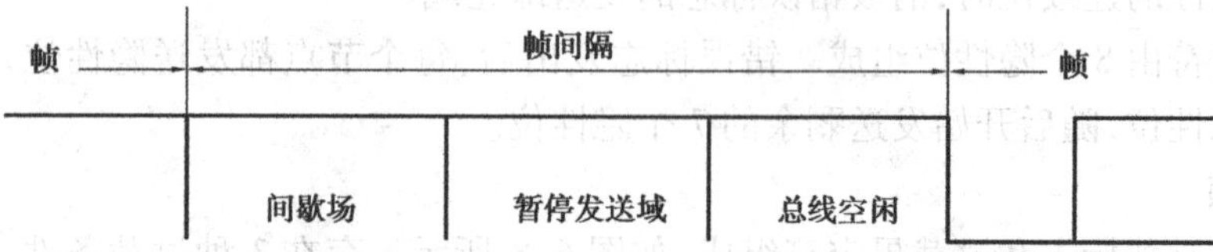

图 6.10　错误消极节点帧间隔

间歇场包括 3 个隐性位。间歇场期间,所有节点均不允许发送数据帧或远程帧,它唯一的作用是标识一个过载条件。注意,如果一个正准备发送报文的 CAN 节点在间歇场的第三位检测到一个显性位,它将认为这是一个帧起始,并且在下一位时间,从报文的标识符的第一位开始发送报文,而不再发送一个帧起始位,同时也不会成为报文接收器。

总线空闲的周期可为任意长度。在此期间,总线被认为是空闲的,任何需要发送报文的节点都可访问总线。一个因其他报文正在发送而被挂起的报文,将在间歇场后的第一位开始发送。此时,检测到的总线上的一个显性位将解释为一个帧起始。

暂停发送场是指错误消极节点发送一个报文后,在开始发送下一报文或认可总线处于空闲之前,在间歇场后发出的 8 个隐性位。如果在此期间一次由其他节点引起的传送开始了,则该节点将成为报文接收器。

6.6.4　帧格式中各场的作用与实现

帧起始(标准格式和扩展格式):帧起始标志(SOF)数据帧和远程帧的起始,由一个单独的显性位组成,由控制芯片完成。

一个 CAN 节点只在总线空闲时,才允许节点开始发送数据(信号)。所有节点必须同步于首先开始发送报文的站的帧起始前沿,即总线值从隐性变为显性时,产生的跳变沿。

仲裁场:仲裁场包括标识符和远程发送请求位(RTR),标准格式帧与扩展格式帧的仲裁场格式不同。标准格式中,仲裁场由 11 位标识符和 RTR 位组成,如图 6.11(a)所示。标识符位从 ID-28 到 ID-18。扩展格式中,仲裁场包括 29 位标识符、SRR 位、IDE 位及 RTR 位,其标识符从 ID-28 到 ID-0,如图 6.11(b)所示。

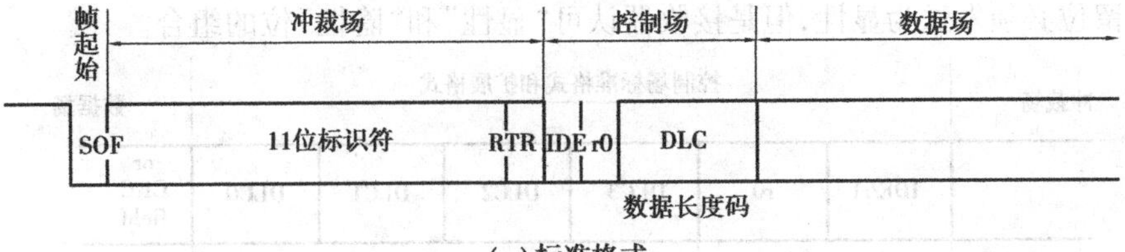

(a)标准格式

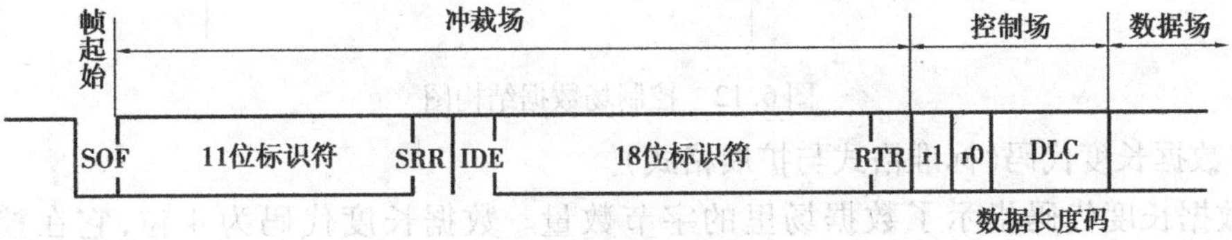

(b)扩展格式

图 6.11　标准格式和扩展格式数据场结构图

标准格式:标识符的长度为 11 位,相当于扩展格式的基本 ID(base ID)。这些位按 ID-28 到 ID-18 的顺序发送,最低位是 ID-18;7 个最高位(ID-28—ID-22)不能全是隐性。

扩展格式:与标准格式形成对比,扩展格式由 29 位组成。其格式包含两个部分:11 位基本 ID 和 18 位扩展 ID。基本 ID 包括 11 位,按 ID-28 到 ID-18 的顺序发送,相当于标准标识符的格式。基本 ID 定义扩展帧的基本优先权。扩展 ID 包括 18 位,按 ID-17 到 ID-0 的顺序发送。

标准帧中,标识符之后是 RTR 位。

(1)RTR 位(标准格式与扩展格式)

①RTR 的全称为"远程发送请求位(remote transmission request bit)"。

②RTR 位在数据帧里必须为"显性",而在远程帧里必须为"隐性"。

扩展格式里,基本 ID 首先发送,其次是 IDE 位和 SRR 位。扩展 ID 的发送位于 SRR 位之后。

(2)SRR 位(扩展格式)

①SRR 的全称为"替代远程请求位(substitute remote request bit)"。

②SRR 是隐性位。它在扩展格式的标准帧 RTR 位的位置,故代替标准帧的 RTR 位。因此,标准帧与扩展帧的冲突是通过标准帧优先于扩展帧这一途径得以解决的,扩展帧的基本 ID(参见以下的"扩展标识符")如同标准帧的标识符。

(3)IDE 位(扩展格式)

①IDE 的全称为"标识符扩展位(identifier extension bit)"。

②IDE 位属于扩展格式的仲裁场和标准格式的控制场。

标准格式里的 IDE 位为"显性",而扩展格式里的 IDE 位为"隐性"。

RTR 位在数据帧中必须是显性位,而在远程帧必须为隐性位。仲裁场的作用:一是说明数据帧或远程帧发送目的地;二是指出数据帧或远程帧。仲裁场的数据由软件编程配置

SJA1000 完成。

控制场:控制场由 6 个位组成,说明数据帧中有效数据的长度,如图 6.12 所示。标准格式的控制场和扩展格式的不同。标准格式里的帧包括数据长度代码、IDE 位及保留位 r0。扩展格式里的帧包括数据长度代码和两个保留位(rl 和 rO)。

其保留位必须发送为显性,但是接收器认可"显性"和"隐性"位的组合。

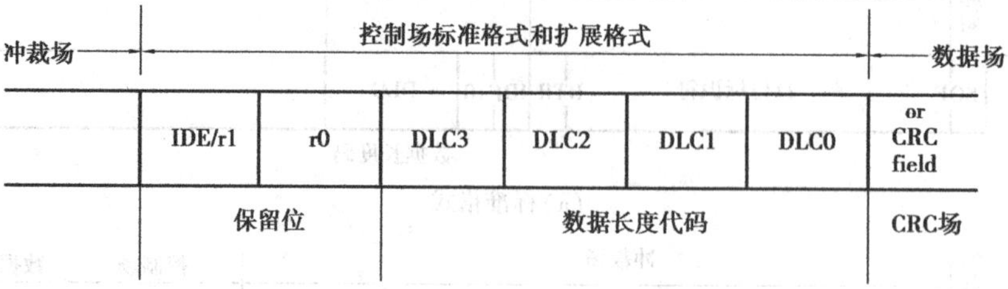

图 6.12　控制场数据结构图

(4)数据长度代码(标准格式与扩展格式)

①数据长度代码指示了数据场里的字节数量。数据长度代码为 4 位,它在控制场里发送。

②数据长度代码中数据字节数的编码,d 表示"显性"的缩写;r 表示"隐性"的缩写。控制场的数据由软件编程配置 SJA1000 完成。

数据场:数据场由数据帧中的发送数据组成。它可为 0 ~ 8 字节。数据场的数据由软件编程配置 SJA1000 完成。

CRC 场(标准格式及扩展格式):CRC 场包括 CRC 序列,其后是 CRC 界定符(CRC delimiter),这部分由 SJA1000 控制芯片完成。

应答场:应答场长度为 2 位,包括应答间隙和应答界定符。由 SJA1000 控制芯片自动完成。

帧结束:每一个数据帧和远程帧均由一标志序列界定,这个标志序列由 7 个"隐性"位组成。这部分由 SJA1000 控制芯片自动完成。总之,仲裁场、控制场、数据场由软件编程配置 SIA1000 完成;帧起始、CRC 场、应答场、帧结束由 CAN 总线控制 SJA1000 自动完成。

6.7　CAN 总线仲裁过程和优先级的决定

6.7.1　CAN 总线的仲裁过程

CAN 总线上的节点没有主从之分,所有的节点级别都一样,既可作为发送节点,也可作为接收节点。只要总线空闲,有数据要发送节点就会往总线上发送数据,在发送数据时,发送节点并不会指定由哪个节点接收,而是由接收节点自己过滤/选择是否接收该数据,就像收音机一样,广播台发送出的信息可以被所有听众接收,而听众自己选择要听的台。

这里涉及以下概念:

1)回读

每个节点在往总线上发送数据的同时会同时读取总线上的数据,并与自己发送的数据作对比。

2)线与

如果同时有几个节点往CAN总线上传递信息,采取“线与”机制。也就是说,除非所有的节点都发送“1”,总线上才会是1,只要有一个节点发送“0”,总线上就是0。如果一个节点A发送了1,而其他节点发送了0,那么总线上是0,节点A通过回读就会发现总线上的电平与自己发送的不一致,从而采取相应的措施(退出仲裁,报错等)。需要注意的是,“1”和“0”由CAN_H和CAN_L两条线差分电压得来,并不是一条线传递“1”,另一条线传递“0”。

3)仲裁

如果有两个或两个以上的节点同时往总线上发送数据,那就需要通过仲裁来决定谁先发送数据。仲裁是通过比较数据的标识符(下面有介绍)大小来完成的,标识符小的获得仲裁,标识符大的退出仲裁。因为有了回读与线与,仲裁可以很轻松地完成。

6.7.2 位仲裁

CSMA/CD是“载波侦听多路访问/冲突检测”即Carrier Sense Multiple Access/Collision Detect的缩写。利用CSMA访问总线,可对总线上的信号进行检测,只有当总线处于空闲状态时,才允许发送。利用这种方法,可允许多个节点挂接到同网络上。当检测到一个冲突位时,所有节点重新回到“监听”总线状态,直到该冲突时间过后,才开始发送。在总线超载的情况下,这种技术可能会造成发送信号延迟。为了避免发送时延迟,可利用CSMA/CD方式访问总线。当总线上有两个节点同时进行发送时,必须通过“无损的逐位仲裁”方法来使有最高优先权的报文优先发送。在CAN总线上发送的每一条报文都具有唯一的一个11位或29位数字的ID。CAN总线状态取决于二进制数0而不是1,故ID号越小,则该报文拥有越高的优先权。因此,一个为全0标识符的报文具有总线上的最高级优先权。可用另外的方法来解释:在消息冲突的位置,第一个节点发送0,而另外的节点发送1,那么发送0的节点将取得总线的控制权,并且能成功地发送出它的信息。

在总线空闲态,最先开始发送消息的节点获得发送权。多个节点同时开始发送时,各发送节点从仲裁段的第一位开始进行仲裁。连续输出显性电平最多的节点可继续发送。仲裁的过程如图6.13所示。

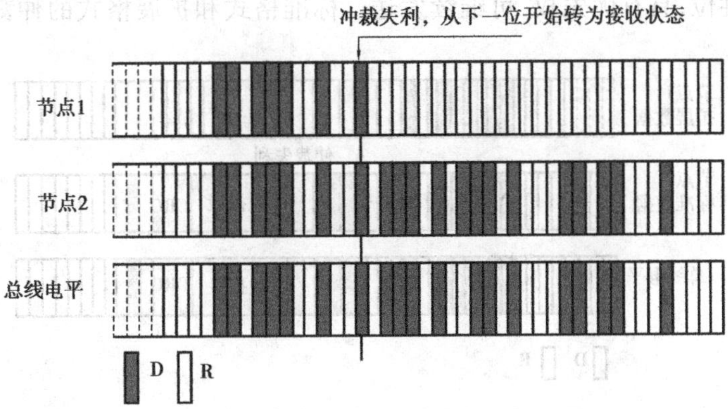

图6.13 仲裁过程

6.7.3 数据帧和远程帧的优先级

具有相同 ID 的数据帧和远程帧在总线上竞争时，仲裁段的最后一位(RTR)为显性位的数据帧具有优先权，可继续发送。数据帧和远程帧的仲裁过程如图 6.14 所示。

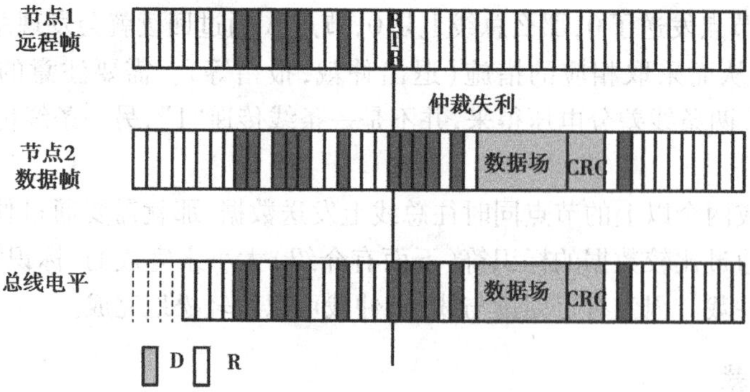

图 6.14 数据帧和远程帧的仲裁过程

可见，CAN 总线是以报文为单位进行数据传送，具有最低二进制数的标识符有最高的优先级。这种优先级一旦在系统设计时被确立后就不能再被审改。总线读取中的冲突可通过位仲裁解决。例如，当 3 个节点同时发送报文时，假设节点 1 的报文标识符为 011111；节点 2 的报文标识符为 0100110；节点 3 的报文标识符为 0100111。所有标识符都有相同的两位 01，直到第 3 位进行比较时，节点 1 的报文被丢掉，因为它的第 3 位为高，而其他两个节点的报文第 3 位为低。节点 2 和节点 3 报文的 4,5,6 位相同，直到第 7 位时，节点 3 的报文才被丢失。注意，总线中的信号持续跟踪最后获得总线读取权的节点的报文。在此例中，节点 2 的报文被跟踪。这种非破坏性位仲裁方法的优点在于，在网络最终确定哪一个节点的报文被传送以前，报文的起始部分已经在网络上传送了。所有未获得总线读取权的节点都成为具有最高优先权报文的接收节点，并且不会在总线再次空闲前发送报文。

6.7.4 标准格式和扩展格式的优先级

标准格式 ID 与具有相同 ID 的远程帧或者扩展格式的数据帧在总线上竞争时，标准格式的 RTR 位为显性位，具有优先权，可继续发送。标准格式和扩展格式的仲裁过程如图 6.15 所示。

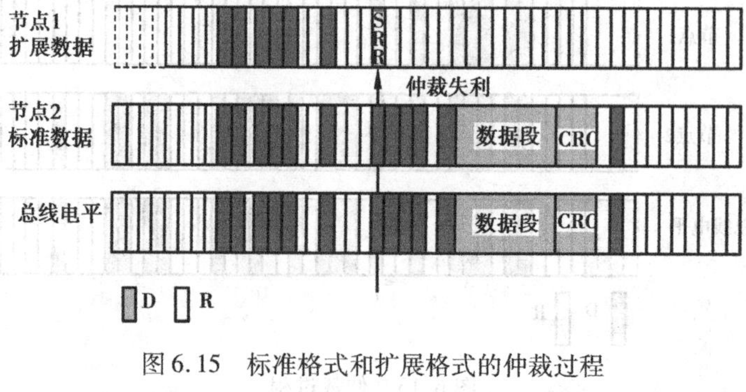

图 6.15 标准格式和扩展格式的仲裁过程

6.8　报文重发与位填充

6.8.1　报文重发

发送器以帧为单位在总线上发出报文，每帧的长度因类型或数据的差异在 44 ~ 108 位(标准格式帧)/64 ~ 128 位(扩展格式帧)变化(未包括位填充产生的长度)。报文确认(message validation)的时刻对发送器和接收器而言是不同的。对发送器，如果直到帧结束都没有出错，则报文得到确认。如果一个报文受损，发送器将会按照优先级顺序自动重发报文。为了能与其他报文竞争总线访问权，总线一旦空闲，重发必须马上开始。对于接收器，如果直到帧结束的最后一位都没有出错，则报文得到确认。帧结束的最后一位的值被认为是“无关紧要”的。因此，即使这一位的值是“显性”的，也不会导致一个“格式错误”。

6.8.2　位填充

CAN 总线是一种串行通信方式，必须解决通信中发送器和接收器间的同步问题。CAN 总线没有专用的时钟信号线，同步信息包含于总线上传输的数据之中。总线值从隐性到显性的跳变提供了同步信息。如果连续多个相同的总线值出现(显性或隐性)，则将影响到同步信息的提取。为此，CAN 用了“位填充”规则。在一帧中的帧起始、仲裁场、控制场、数据场及 CRC 场部分，当发送器在即将发送的比特流中检测到 5 个具有相同数值的连续位时，将自动在实际发送的比特流中插入 1 个补码位。数据帧和远程帧的其余组成部分(CRC 界定符、应答场和帧结束)具有固定格式，不进行位填充。错误帧和过载帧也具有固定格式，同样不进行位填充。除了同步信息外，位填充也为错误控制提供了一种手段，它是为防止突发错误而设定的功能。

位填充的构成如图 6.16 所示。一帧报文中的每一位都由不归零码表示，可保证位编码的最大效率。然而，如果在一帧报文中有太多相同电平的位，就有可能失去同步。为保证同步，同步沿用位填充产生。在 5 个连续相等位后，发送节点自动插入一个与之互补的补码位；接收时，这个填充位被自动丢掉。例如，5 个连续的低电平位后，CAN 自动插入一个高电平位。CAN 通过这种编码规则检查错误，如果在一帧报文中有 6 个相同位，CAN 就知道发生了错误。

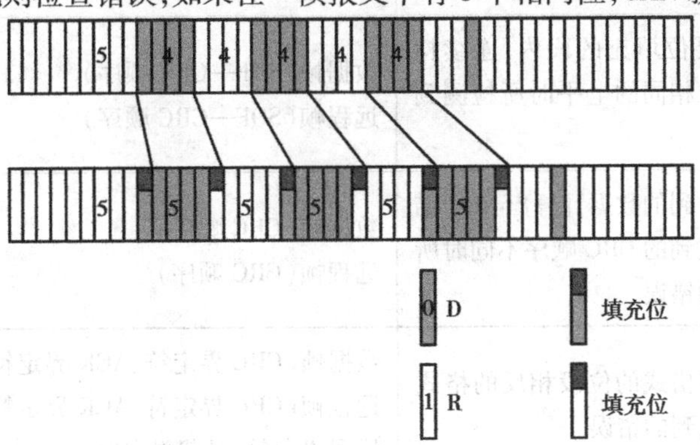

图 6.16　位填充的构成

如果至少有一个节点通过以上方法探测到一个或多个错误,它将发送出错标志终止当前的发送。这可阻止其他站接收错误的报文,并保证网络上报文的一致性。当大量发送数据被终止后,发送站会自动地重新发送数据。作为规则,在探测到错误后 23 个位周期内重新开始发送。在特殊场合,系统的恢复时间为 31 个位周期。

但这种方法存在一个问题,即一个发生错误的站将导致所有数据被终止,其中也包括正确的数据。因此,如果不采取自监测措施,则总线系统应采用模块化设计。为此,CAN 协议提供了一种将偶然错误从永久错误和局部失败中区别出来的办法。这种方法可通过对出错站进行统计评估来确定一个站本身的错误并进入一种不会对其他站产生不良影响的运行方法来实现,即站可通过关闭自己来阻止正常数据因被错误地当成不正确的数据而被终止。

6.8.3 发送节点的工作

在发送数据帧和远程帧时,SOF—CRC 段间的数据,相同电平如果持续 5 位,在下一个位(第 6 个位)则要插入 1 位与前 5 位反型的电平。

6.8.4 接收节点的工作

在接收数据帧和远程帧时,SOF—CRC 段间的数据,相同电平如果持续 5 位,则需要删除下一个位(第 6 个位)再接收。如果这个第 6 个位的电平与前 5 位相同,将被视为错误并发送错误帧。

6.9 错误帧的种类和错误处理

错误共有 5 种。多种错误可能同时发生。错误的种类、错误的内容、错误的检测帧和检测节点见表 6.2。

表 6.2 错误帧的种类和内容

错误的种类	错误的内容	错误的检测帧(场)	检测节点
位错误	比较输出电平和总线电平(不含填充位),当两个电平不一样时所检测到的错误	数据帧(SOF—EOF) 远程帧(SOF—EOF) 错误帧、过载帧	发送节点 接收节点
填充错误	在需要位填充的段内,连续检测到 6 位相同的电平时所检测到的错误	数据帧(SOF—CRC 顺序) 远程帧(SOF—CRC 顺序)	接收节点 发送节点
CRC 错误	当接收到的数据计算出 CRC 结果与接收到的 CRC 顺序不同时所检测到的错误	数据帧(CRC 顺序) 远程帧(CRC 顺序)	接收节点
格式错误	与固定格式的位段相反的格式时所检测到的错误	数据帧(CRC 界定符、ACK 界定符、EOF) 远程帧(CRC 界定符、ACK 界定符、EOF) 错误界定符、过载界定符	接收节点

续表

错误的种类	错误的内容	错误的检测帧(场)	检测节点
ACK 错误	发送节点在 ACK 槽(ACKSlot)中检测出隐性电平的错误(ACK 没被传送过来时所检测到的错误)	数据帧(ACK 槽) 远程帧(ACK 槽)	发送节点

6.9.1　位错误

位错误由向总线上输出数据帧、远程帧、错误帧、过载帧的节点、输出 ACK 的节点、输出错误的节点来检测。

在仲裁段输出隐性电平,但检测出显性电平,将被视为仲裁失利,而不是位错误。

在仲裁段作为填充位输出隐性电平,但检测出显性电平时,将不视为位错误,而是填充错误。

发送节点在 ACK 段输出隐性电平,但检测到显性电平时,将被判断为其他节点的 ACK 应答,而非位错误。

输出被动报错标志(6 个位隐性位),但检测出显性电平时,将遵从错误标志的结束条件,等待检测出连续相同 6 个位的值(显性或隐性),并不视为位错误。

6.9.2　格式错误

即使接收节点检测 FOF(7 个位的隐性位)的最后一位(第 8 个位)为显性电平,也不视为格式错误。即使接收节点检测出数据长度码(DLC)中 9 ~ 15 的值时,也不视为格式错误。

6.9.3　错误帧的输出

检测出满足错误条件的节点输出错误标志通报错误。

处于主动报错状态的节点输出的错误标志为主动报错标志;处于被动报错状态的节点输出的错误标志为被动报错标志。发送节点发送完错误帧后,将再次发送数据帧或远程帧。

错误标志输出时序见表 6.3。

表 6.3　错误标志输出时序

错误的种类	输出时序
位错误、填充错误、格式错误、ACK 错误	从检测出错误后的下一位开始输出错误标志
CRC 错误	ACK 界定符后的下一位开始输出错误标志

6.9.4　错误处理机制

在 CAN 总线中,任何一个节点均可能处于下列 3 种故障状态之一:主动报错状态(error active)、被动报错状态(error passivity)和总线关闭状态(bus off)。

主动报错节点可照常参与总线通信,并且当检测到错误时,送出一个活动错误标志。错误认可节点可参与总线通信,但不允许送出活动错误标志。当其检测到错误时,只能送出认可错误标志,并且发送后仍为被动报错状态,直到下一次发送初始化。总线关闭状态不允许节点对总线有任何影响。

为了界定故障,在每个总线节点中都设有 2 个计数:发送错误计数和接收错误计数。这些计数按照以下规则进行:

①接收器检查出错误时,接收器错误计数器加 1,除非所有检测错误是发送活动错误标志或过载标志期间的位错误。接收器在送出错误标志后的第一位检查出显性位时,错误计数器加 8。

②发送器送出一个错误标志时,发送器错误计数器加 8。有两种情况例外:一是如果发送器为被动报错,由于未检测到显性位应答或检测到应答错误,并且在送出其认可错误标志时,未检测到显性位;二是如果仲裁器件产生填充错误,发送器送出一个隐性位错误标志,而检测到的是显性位。除以上两种情况外,发送器错误计数器计数不改变。

③发送器送出一个活动错误标志或过载标志时,检测到位错误,则发送器错误计数器加 8。

④在送出活动错误标志、认可错误标志或过载错误标志后,任何节点都最多允许连续 7 个显性位。在检测到第 11 个连续显性位后,或紧随认可错误标志检测到第 8 个连续的显性位,以及附加的 8 个连续的显性位的每个序列后,每个发送器的发送错误计数都加 8,并且每个接收器的接收错误计数也加 8。

⑤报文成功发送后,发送错误计数减 1,除非计数值已经为 0。

⑥报文成功发送后,如果接收错误计数处于 1 ~ 197 之间,则其值减 1;如果接收错误计数为 0,则仍保持为 0;如果大于 127,则将其值记为 119 ~ 127 的某个数值。

⑦当发送错误计数等于或大于 128,或接收错误计数等于或大于 128 时,节点进入错误认可状态,节点送出一个活动错误标志。

⑧当发送错误计数器大于或等于 256 时,节点进入总线关闭状态。

⑨当发送错误计数和接收错误计数均小于或等于 127 时,被动报错节点再次变为主动报错节点。

⑩在检测到总线上 11 个连续的隐性位发送 128 次后,总线关闭节点将变为 2 个错误计数器均为 0 的主动报错节点。

⑪当错误计数器数值大于 96 时,说明总线被严重干扰。

如果系统启动期间仅有 1 个节点挂在总线上,此节点发出报文后,将得不到应答、检查出错误并重复该报文,此时该节点可变为被动报错节点,但不会因此关闭总线。

6.10 位定时与同步

在 CAN 规范中,位定时和同步机制是既重要又难于理解的环节之一,它不仅关系对波特率、总线长度等相关内容的理解,甚至对节点开发的成功与否产生直接的影响。

6.10.1 位定时

1)标称位速率

标称位速率就是一个理想发送器在没有重同步的情况下每秒发送的位数量。

2) 标称位时间

标称位时间为

$$标称位时间 = \frac{1}{标称位速率} \tag{6.1}$$

标称位时间可被认为由几个不重叠时间段组成。这些时间段包括同步段(SS)、传播时间段(PTS)、相位缓冲段 1(PBS1)及相位缓冲段 2(PBS2)。这些段又由可称为 Time Quantum(以下用 T_q 表示)的最小时间单位构成,如图 6.17 所示。

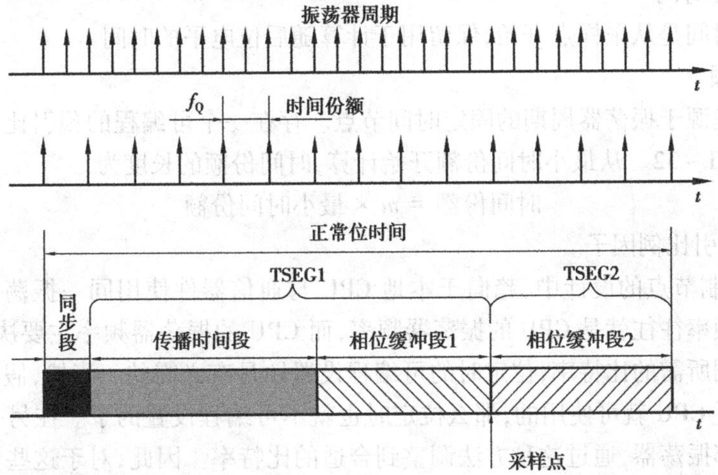

图 6.17　位时间组成

1 位分为 4 个段,每个段又由若干个 T_q 构成,则称为位时序或者时间份额。

1 位由多少个 T_q 构成,每个段又由多少个 T_q 构成,可任意设定位时序。通过设定位时序,多个节点可同时采样,也可任意设定采样点。各段时间的作用和一个位时间中各时间段的长度见表 6.4。

表 6.4　段及其作用

段名称	段的作用	T_q 数	
同步段 SS (Synchronization Segment)	位时间的同步段用于同步总线上的不同节点,多个连接在总线上的单元通过此段实现时序调整。同步进行接收和发送的工作。由隐性电平到显性电平的边沿或由显性电平到隐性电平边沿最好出现在此段中	$1T_q$	$8\sim25T_q$
传播时间段 PTS (Propagation Time Segment)	用于吸收网络上的物理延迟的段。所谓网络物理延迟,是指发送单元的输出延迟,总线上信号的传输延迟、接收单元的输入延迟。这个段的时间为以上各延迟时间的和的两倍	$1\sim8T_q$	
相位缓冲段 1 PBS1 (Phase Buffer Segment1)	当信号边沿不能被包含于 SS 段中时,可在此段进行补偿。由于各单元以各自独立的时钟工作,细微的时钟误差会累积起来。PBS 段可用于吸收误差。通过对相位缓冲段加减 SJW 吸收误差。SJW 加大后允许误差加大,但通信速度下降	$1\sim8T_q$	
相位缓冲段 2 PBS1 (Phase Buffer Segment2)		$2\sim8T_q$	
再同步补偿宽度 SJW (reSynchroniation Jump Width)	因时钟频率偏差、传送延迟等,各单元有同步误差。SJW 为补偿此误差的最大值	$1\sim4T_q$	

3）采样点

采样点是这样一个时刻，在此时刻上，总线电平被读取并被理解为其自身的数值。它位于相位缓冲器段1的终点。

在重同步期间，采样点的位置被移动整数个时间份额，该时间份额被允许的最大值称为重同步跳转宽度（SJW），它可被编程为1～4个时间份额。

值得注意的是，重同步跳转宽度并不是位时间的组成部分。

4）信息处理时间

信息处理时间是从采样点开始，保留用于计算随后位电平的时间。

5）时间份额

时间份额是源于振荡器周期的固定时间节点。存在一个可编程的预引比例因子，具有整数数值，范围为1～32。从最小时间份额开始计算，时间份额的长度为

$$\text{时间份额} = m \times \text{最小时间份额} \tag{6.2}$$

式中　m——预引比例因子。

目前，在控制节点的设计中，趋向于本地CPU与通信器件使用同一振荡器。因此，CAN器件的振荡器频率往往就是CPU的振荡器频率，而CPU的振荡器频率主要决于控制节点的需求。为了得到所需的比特率，位定时的可编程设置性是有必需的。当然，假如CAN器件被设计成为不需要CPU就可使用的，那么位定时也就不可编程设置的了。在另一方面，这些器件允许选择外部振荡器，通过这种方法调整到合适的比特率。因此，对于这些器件而言，可编程设置就不是必需的。

6）位定时的作用

位定时是由节点自身完成的（可编程）。节点进行位定时的作用如下：

①确定位时间，以便确定波特率（位速率），从而确定总线的网络速度；或在给定总线的网络速度的情况下确定位时间。

②确定1位的各个组成部分——同步段、传播时间段、相位缓冲器段1和相位缓冲器段2的时间长度，其中同步段用于硬同步，位于相位缓冲器段1终点的采样点用于保证正确地读取总线电平。

③确定重同步跳转宽度以用于重同步。

6.10.2　位同步

CAN协议的通信方法为NRZ（Non-Return to Zero）方式，即报文中的比特流采用非归零码编码。这就是说，在完整的价位时间里，位电平要么是“显性”，要么就是“隐性”。各个位的开头或结尾都没有附加同步信号。发送节点以与位时序同步的方式开始发送数据。另外，接收节点根据总线上电平的变化进行同步并进行接收工作。

但是，发送节点和接收节点存在的时钟频率误差及传输路径上的（电缆、驱动器等）相位延迟会引起同步偏差。因此，接收节点通过硬件同步或者再同步的方法调整时序进行接收。

CAN规范定义了自己独有的同步方式：硬同步和重同步。同步与位定时密切相关。同步是由节点自身完成的，节点将检测到的来自总线的沿与其自身的位定时相比较，并通过硬同步或重同步适配（调整）位定时。在一般情况下，引起硬同步和重同步发生的、来自总线的沿如图6.18所示。

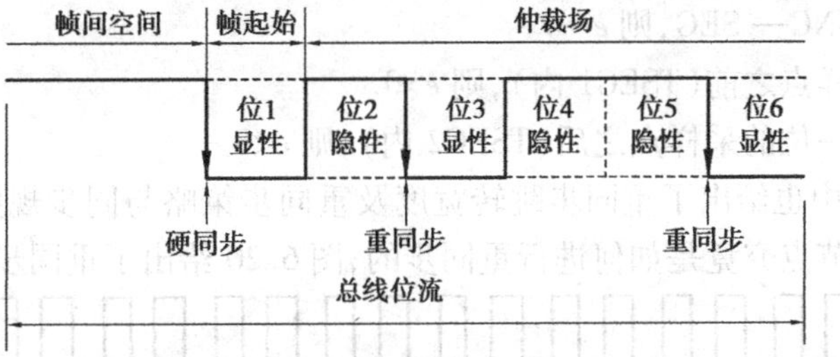

图6.18　硬同步和重同步发生时刻示意图

1)硬件的同步

CAN技术规范给出了硬同步和重同步的结果,但没有给出硬同步和重同步的定义。这里首先给出硬同步和重同步的定义,然后对其进行分析。

所谓硬同步,就是由节点检测到的来自总线的沿强迫节点立即确定出其内部位时间的起始位置(同步段的起始时刻)。硬同步的结果是,沿的到来时刻的前一时刻(以时间份额 T_q 量度)即成为节点内部位时间同步段的起始时刻,并使内部位时间从同步段重新开始。这就是规范中所说的"硬同步强迫引起硬同步的沿处于重新开始的位时间同步段之内"。硬同步一般用于帧的开始,即总线上的各个节点的内部位时间的起始位置(同步段)是由来自总线的一个报文帧的帧起始的前沿决定的。

同步段的时间长度为1个时间份额。如图6.19所示,来自总线的引起硬同步的沿在 t_1 时刻到来,则节点检测到该沿,将 t_1 时刻的前一时刻 t_0(以 T_0 为周期)作为内部位时间同步段的起始时刻。

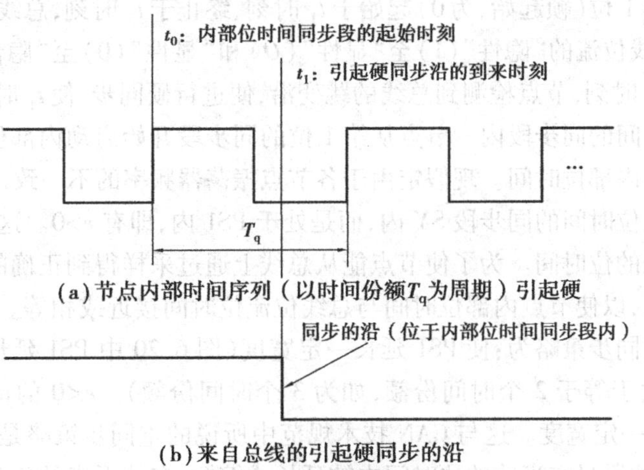

(a)节点内部时间序列(以时间份额 T_q 为周期)引起硬

(b)来自总线的引起硬同步的沿

图6.19　硬同步图解

2)重同步

所谓重同步,就是节点根据沿相位误差的大小调整其内部位时间,以使节点内部位时间与来自总线的报文位流的位时间接近或相等。作为重同步的结果,PHASE-SEG1可被延长或PHASE-SEG2可被缩短,从而使节点能够正确地接收报文。重同步一般用于帧的位流发送期间,以补偿各个节点振荡器频率的不一致。这里涉及沿相位误差的概念。沿相位误差由沿相对于节点内部位时间同步段的位置给定,以时间份额量度,沿相位误差的符号为 e,其定义如下:

①若沿处于 SYNC— SEG,则 $e=0$。

②若沿处于采样点之前(TSEG1 内),则 $e>0$。

③若沿处于前一位的采样点之后(TSEG2 内),则 $e<0$。

CAN 技术规范中也给出了重同步跳转宽度及重同步策略与同步规则,但比较抽象,不易理解。为深入理解节点究竟是如何进行重同步的,图 6.20 给出了重同步的图解。

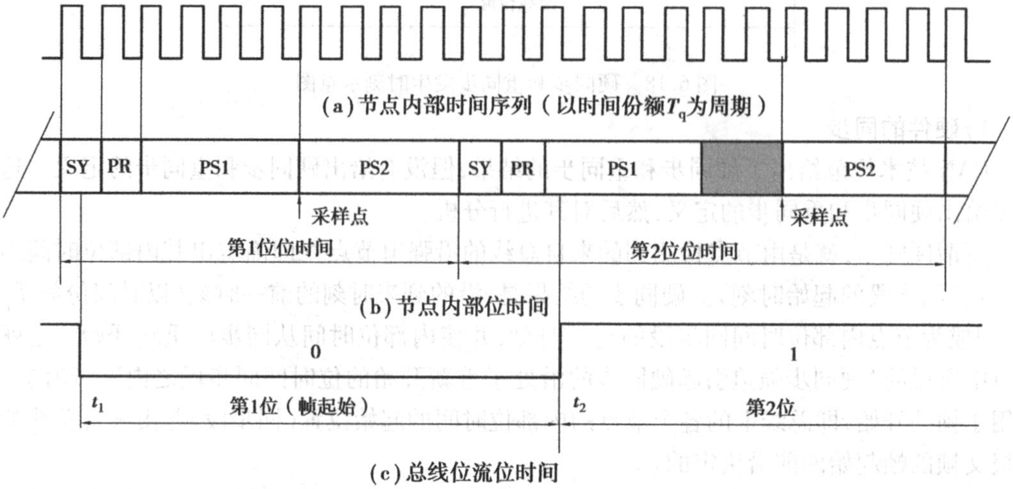

图 6.20 重同步图解($e>0$)

图 6.20 中,SY,PR,PS1,PS2 分别表示同步段、传播段、相位缓冲段 1 及相位缓冲段 2。假定总线位流的第 1 位(帧起始,为 0)起始于 t_1 时刻、终止于 t_2 时刻,总线位流的第 2 位为 1;从第 2 位开始,总线位流的“隐性”(1)至“显性”(O)和“显性”(0)至“隐性”(1)的跳变沿均用于重同步。在 t_1 时刻,节点检测到总线的跳变沿,便进行硬同步,使 t_1 时刻的跳变沿处于节点内部第 1 位位时间的同步段内。节点从第 1 位的同步段开始启动内部位定时,即根据系统要求的波特率给出内部位时间。现假定由于各节点振荡器频率的不一致,在 t_2 时刻的跳变沿未处于节点第 2 位位时间的同步段 SY 内,而是处于 PS1 内,即有 $e>0$。这表明节点内部的位时间小于总线位流的位时间。为了使节点能从总线上通过采样得到正确的位数值,需使节点内部的位时间延长,以使节点内部位时间与总线位流位时间接近或相等。因此。在这种情况下节点应采取的重同步策略为:使 PS1 延长一定宽度(图 6.20 中 PS1 延长 2 个时间份额,即同步跳转宽度为大于等于 2 个时间份额,如为 3 个时间份额)。$e<0$ 的情况与之类似,只是 PS2 会相应地缩短一定宽度。这与 CAN 技术规范中所说的重同步策略是一致的。这里需要注意的是,相位缓冲段只在当前的位时间内被延长或缩短,在接下来的位时间内,只要没有重同步,各时间段将恢复编程预设值。

3)调整同步的规则

硬件同步和重同步遵从以下规则:

①1 个位中只进行一次同步调整。

②只有当上次采样点的总线值和边沿后的总线值不同时,该边沿才能用于调整同步。

③在总线空闲且存在隐性电平到显性电平的边沿时,则一定要进行硬件同步。

④在总线非空闲时检测到的隐性电平到显性电平的边沿如果满足条件①和条件②,将进行重同步。但还要满足下面条件。

⑤发送节点观测到自身输出的显性电平有延迟时不进行重同步。

⑥发送节点在帧起始到仲裁段有多个节点同时发送的情况下,对延迟边沿不进行重同步。

6.11 CAN组网

CAN规范2.0主要对数据链路层和物理层中位编/解码、位定时等进行了描述,而未定义物理层中的驱动器/接收器特性、传输介质和信号电平等内容,以便于在具体应用中根据实际情况进行选择和优化。目前,比较常用的CAN总线传输介质为双绞线。在1993年形成的国际标准ISO11898(道路车辆—数字信息交换—控制器局域网(CAN)用于高速通信)中,对基于双绞线的CAN总线传输介质特性作出了建议。

典型CAN网络如图6.21所示。这里将连接于总线的每个节点,称为电子控制装置(ECU)。ECU应包括通常所说的CAN控制器(或带CAN内核的微控制器)和CAN收发器。总线两端的电阻为终端电阻,用于抑制反射回波,典型值为120 Ω。

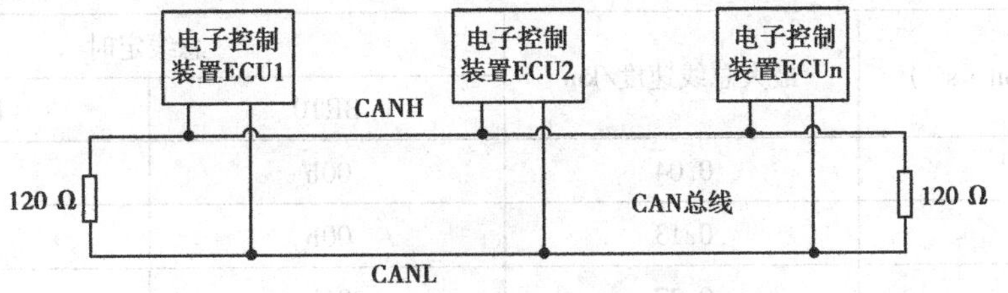

图6.21 典型CAN网络

为了提高总线在恶劣电气环境下的可靠性和提高传输速率,总线采用差分传输的方式。双绞线中的一根称为CANH,另一根称为CANL。总线只有一对互补的逻辑值:显性或隐性。当总线值为隐性时,CANH与CANL的电压值 V_{CANH},V_{CANL} 被固定在平均电平2.5 V,差分电压值 V_{diff} 近似为0。当总线值为显性时,V_{CANH} 为3.5 V,V_{CANL} 为1.5 V,差分电压 V_{diff} 达到2 V,如图6.22所示(以上电压值均为典型值)。

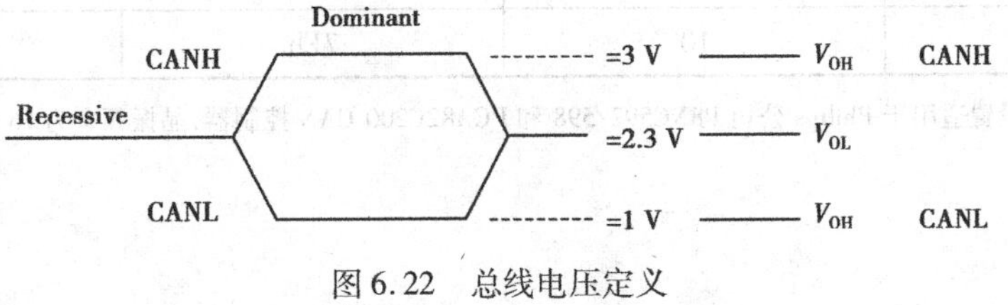

图6.22 总线电压定义

由于CAN收发器的内部结构的缘故(见图6.23),如果总线上所有收发器的输出晶体管对均关闭,则总线处于隐性状态;只要总线上有一个收发器的输出晶体管对被导通,则总线值为显性。显然,如果一个显性位和一个隐性位被同时发出的话,那么总线值将为显性。这符合CAN技术规范中的要求。

目前,符合ISO11898标准的CAN收发器有很多,如PCA82C250/251,TJA1041,SN65HVD230系列等产品。由这些CAN收发器构成的ECU均可按照如图4.20所示的方法连接成网。

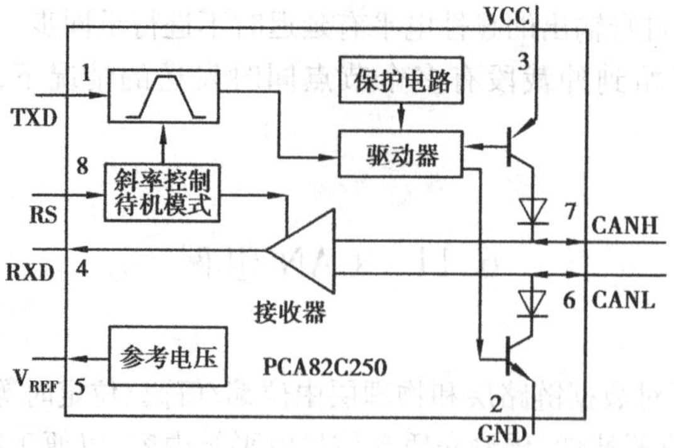

图 6.23　CAN 收发器内部结构

传输距离与传输速率密切相关。表 6.5 给出一个 CAN 节点间最大距离与位速率的关系表,仅供参考。实际应用中,传输距离还将受电磁环境、传输介质特性等因素的影响。因此,在某些基于 CAN 的高级协议(如 DeviceNet)中,有关传输距离、传输电缆、连接器、分接头及位速率等方面都有更详细、更严格的规定和说明。

表 6.5　CAN 总线任意两节点间最大距离与位速率

位速率/(Kbit · s^{-1})	最大总线速度/km	总线定时	
		BRT0	BRT1
1×10^3	0.04	00h	14h
500	0.13	00h	1Ch
250	0.27	01h	1Ch
125	0.53	03h	1Ch
100	0.62	43h	2Fh
50	1.3	47h	2Fh
20	3.3	53h	2Fh
10	6.7	67h	2Fh
5	10	7Fh	7Fh

注:该"总线定时"设置适用于 Philips 公司 P8XC592/598 和 PCA82C200 CAN 控制器,晶振频率为 16 MHz,晶振漂移小于 0.1%。

本章小结

本章主要介绍了 CAN 总线的规范,阐述了 CAN 是一种多主方式的串行通信总线,CAN 的规范定义了 OSI 模型的最下面两层;数据链路层和物理层。CAN 协议有 2.0A 和 2.0B 两个版本。CAN 协议的 2.0A 版本规定 CAN 控制器必须有一个 11 位的标识符,在 2.0B 版本中规定 CAN 控制器的标识符长度可以是 11 位或 29 位。

1) CAN 协议分层

CAN 协议分为目标层、传输层和物理层。目标层的功能是确定要发送的报文,确认传输层接收到的报文,为应用层提供接口。传输层的功能是帧组织、总线仲裁、检错、错误报告及错误处理。物理层的范围包括实际位传送过程中的电气特性。

2) CAN 协议逻辑位

CAN 使用两种逻辑位表达方式,当总线上的 CAN 控制器发送的都是弱位时,此时总线状态是弱位(逻辑 1);如果总线上有强位出现,弱位总是让位于强位,即总线状态是强位(逻辑 0)。

3) CAN 协议校验

采用 CRC 校验并可提供相应的错误处理功能,保证了数据通信的可靠性。

4) CAN 协议编码方式

使用了数据块编码方式,使得网络内的节点个数在理论上不受限制。

5) CAN 协议数据块的长度

规定了数据块的长度最多为 8 字节,传输时不会过长占用总线,保证了通信的实时性。CANbus 以报文为单位进行信息传送。报文中包含标识符 ID,它也标志了报文的优先权。该标识符 ID 并不指出报文的目的地址,而是描述数据的含义。网络中所有节点都可由 ID 来自动决定是否接收该报文。每个节点都有 ID 寄存器和屏蔽寄存器,接收到的报文只有与该屏蔽寄存器中的内容相同时,该节点才接收报文。

6) 报文传送的四种帧类型

数据帧:数据帧携带数据从发送器至接收器。

远程帧:总线单元发出远程帧,请求发送具有同一识别符的数据帧。

错误帧:任何单元检测到总线错误时就发送错误帧。

过载帧:用来在先行的和后续的数据帧(或远程帧)之间提供附加的延时。

7) 帧格式

①数据帧:由 7 个不同的位场组成,即帧起始、仲裁场、控制场、数据场、CRC 场、应答场、帧结束。

②远程帧:由 6 个不同的位场组成,即帧起始、仲裁场、控制场、CRC 场、应答场、帧结束。

③错误帧:由两个不同的场组成:第一场是错误标志,由不同节点提供错误标志的叠加构成;第二个场是错误界定符。

④过载帧:包括两个位场;过载标志和过载界定符。

8) 帧格式中重点部分

①帧起始:标志数据帧和远程帧的起始,由一个单独的"显性"位组成,由控制芯片完成。

②仲裁场:包括标识符和远程发送请求位(RTR)。

对 CAN2.0A 标准,标识符的长度为 11 位。RTR 位在数据帧中必须是显性位,而在远程帧中必须为隐性位。

对 CAN2.0,标准格式和扩展格式的仲裁场不同。在标准格式中,仲裁场由 11 位标识符和远程发送请求位组成。在扩展格式中,仲裁场由 29 位标识符和替代远程请求位(SRR)、标志位(IDE)和远程发送请求位组成。

仲裁场的作用:一是说明数据帧或远程帧发送目的地;二是指出数据帧或远程帧。仲裁场的数据由软件编程配置 SJA1000 完成。

③控制场:由 6 个位组成,说明数据帧中有效数据的长度。控制场的数据由软件编程配置 SJA1000 完成。

④数据场:由数据帧中的发送数据组成。它可为 0~8 字节。数据场的数据由软件编程配置 SJA1000 完成。

⑤CRC 场:包括 CRC 序列,这部分由 SJA1000 控制芯片完成。

⑥应答场:长度为两个位,包括应答间隙和应答界定符。由 SJA1000 控制芯片自动完成。

⑦帧结束:每一个数据帧和远程帧均由标志序列界定,这个标志序列由 7 个"隐性"位组成。这部分由 SJA1000 控制芯片自动完成。

总之,仲裁场、控制场、数据场由软件编程配置 SJA1000 完成;帧起始、CRC 场、应答场、帧结束由 CAN 总线控制芯片 SJA1000 自动完成。

9)CAN 总线控制器错误检查分类

①位错误:处于发送状态的节点对总线的每一位进行监测,如果检测到发送位与检测结果不一致,则报告出现位错误。但以下情况除外:在仲裁域,弱位可被改写为强位;在应答间隙,只有接收节点可确认位错误。

②填充错误:在应使用位填充方法进行编码的报文中,出现了 6 个连续相同的位电平时,将检测出一个填充错误。

③CRC 错误:CRC 序列是由发送器 CRC 计算结果组成的。接收器以与发送器相同的方法计算 CRC。如果计算结果与接收到的 CRC 序列不相同,则检测出一个 CRC 错误。

④格式错误:当固定格式的域中出现一个或多个非法位时,则检测出一个格式错误。

⑤应答错误:在应答间隙期间,发送器未检测到强位,则检测出一个格式错误。

长干扰与短干扰:当 CAN 控制器接收到连续干扰时,必须通知外部 MCU,正常后,又要通知 MCU 返回正常操作。在长干扰期间,CAN 控制器进入总线关闭状态,短干扰不会影响 CAN 控制器的工作。

10)错误的本地处理

CAN 协议中定义了错误处理的原则,即最大限度地接近错误源,最大限度地反应,最大限度地响应。因此,错误大部分被本地处理,而对整体总线操作影响最小。

11)错误限制

CAN 控制器都包含一个发送错误计数器和一个接收错误计数器。当一帧数据正常发送或接收时,计数器减计数;而出错时,则计数器加计数。CAN 控制器超过 127 个错误点后进入被动错误状态,而之前为主动错误状态;当发送出错超过 255 个后,CAN 控制器进入总线关闭状态。

思考题

1. CAN 总线中的逻辑值"0"和"1"如何表示?
2. 发送远程帧的目的是什么?
3. 什么是标识码?

4. CAN 总线有哪两种帧格式?
5. CAN 总线的 4 种帧类型各有什么作用?
6. 简述数据帧和远程帧的结构。
7. 数据帧的标准格式和扩展格式在各场结构上有什么不同?
8. 数据帧和远程帧的优先级如何确定?
9. 简述 CAN 总线报文的仲裁过程。
10. 简述数据帧和远程帧仲裁过程。
11. 简述错误帧的种类和错误处理方法。
12. 位时间由哪几段构成?

第 7 章

CAN 总线控制器和驱动器介绍

由于 CAN 总线的诸多突出优点已得到人们的认可，而且丰富价廉的 CAN 器件又进一步促进了 CAN 总线技术的迅速推广。因此，CAN 总线得到许多芯片厂商的支持。目前，生产 CAN 器件的知名厂商有 Intel，Philips，Motorola，TI 以及 Siemens 等。这些 CAN 器件既有独立 CAN 控制器，也有包含 CAN 内核的 8/16 位微控制器、DSP 等，还有 CAN 收发器、CAN 远程 I/O 等。器件的工作电压范围已从传统的 5 V 拓展到 3 V/3.3 V。一些主要的 CAN 总线器件产品见表 7.1。需要这些资料的读者可从代理商或互联网上得到丰富的报道。

表 7.1　一些主要的 CAN 总线器件产品

制造商	产品型号	器件功能及特点
Intel	82526	符合 CAN2.0A CAN 通信控制器
	82527	符合 CAN2.0B 扩展的 8XC196+CAN 通信控制器
	8XC196CA/CB	符合 CAN2.0A
Philips	82C200	符合 CAN2.0A CAN 通信控制器
	SJA1000	82C200 的替代品，符合 CAN2.0B 通用 CAN 总线收发器
	82C250	高速 CAN 总线收发器
	TJA1040	容错的 CAN 总线收发器
	TJA1054	8XC552+CAN 通信控制器
	8XC592	去掉 I^2C，符合 CAN2.0A，提高了电磁兼容性的 8XC592
	8XCE598	16 位微控制器+CAN 通信控制器，符合 CAN2.0B
	P51XA-C3	
Motorola	68HC05X4 系列	68HC05 微控制器+CAN 通信控制器，符合 CAN2.0A
Siemens	81C90/91 C167C	符合 CAN2.0B 微控制器+CAN 通信控制器，符合 CAN 2.0A/B

SJA1000 是 Philips 公司生产的应用于控制器局域网的、高度集成的和独立的通信控制器，兼容 CAN2.0A 和 CAN2.0B 两种技术规范。SJA1000 与 82C200 比较而言，各方面的性能都有了很大的提高，而且增加了一种新的操作模式 PeliCAN。这种模式支持具有很多新特性的 CAN2.0B 协议；有较强的抗干扰能力和检错、纠错能力。SJA1000 主要用于移动目标和一般工业环境中的区域网络控制。

本章将着重介绍两种常用的CAN器件:CAN控制器SJA1000和收发器PCA82C250。CAN通信协议主要由CAN控制器完成,不同型号的CAN控制器(或含CAN内核微控制器)的实现,CAN总线协议的功能模块都是相近的,只是在CAN控制器与微控制器的接口模块的结构和方式上有一些差异。因此,希望今后读者选用不同的CAN器件、设计CAN节点时,能起到一定的参考价值。

7.1　CAN协议控制器SJA1000的特点和功能

Philips公司的PCA82C200是符合CAN2.0A协议的总线控制器。SJA1000是它的替代产品,是应用于汽车和一般工业环境的独立CAN总线控制器,具有完成CAN通信协议所要求的全部特性。经过简单总线连接的SJA1000能完成CAN总线的物理和数据链路层的所有功能。引脚与PCA82C200独立CAN控制器兼容,电气参数与PCA82C200独立CAN控制器也兼容。其硬件与软件设计与PCA82C200的基本CAN模式(BasicCAN)兼容。

7.1.1　SJA1000与PCA82C200的具体区别

1)同步模式

在SJA1000的控制寄存器中没有SYNC位(同步模式位,PCA82C200中的CR.6位)。只有在CAN总线上出现隐性到显性电平的跳变时,才可能进行同步。对这一位进行写操作没有任何影响。为了与现有的应用软件兼容,读取这一位时可把以前写入的值读出(对触发电路没有影响)。

2)时钟分频寄存器

时钟分频寄存器用于选择CAN工作模式:BasicCAN或PeliCAN。因此,PCA82C200中时钟分频寄存器的一个保留位(CDR.7)被占用。向该寄存器写入0~7的值(同PCA82C200一样),SJA1000将进入BasicCAN模式。寄存器的默认状态在Motorola模式下是12分频,在Intel模式下是2分频。另一附加功能占用另一保留位。位CBP(CDR.6)置1,使RX0输入信号绕过内部RX输入比较器,这样可减少内部延时,此时需要使用外部收发电路。

3)接收缓存器

PCA82C200的双接收缓存器被PeliCAN控制器的接收FIFO所代替。这除了会减小数据溢出的可能性之外,对应用软件不会产生影响。在数据溢出之前,缓存器可以多于两条的报文,最多达64字节。

4)CAN2.0B

SJA1000被设计为全面支持CAN2.0B协议规范,这就意味着在能够处理扩展帧报文的同时,扩展的振荡器容限也实现了。在BasicCAN模式下,只可以发送和接收标准帧报文(具有11位标识符)。如果此时检测到CAN总线上有扩展帧报文(具有29位标识符),并且报文是正确的,SJA1000也会给出一个应答信号,但自身不产生接收中断。

在PeliCAN模式下,SJA1000具有与BasicCAN模式完全不同的寄存器布局。其中既包含PCA82C200原有的寄存器,也有一些新增的内容。

7.1.2 SJA1000 主要新增的功能

1)支持 CAN2.0B 协议

SJA1000 完全支持 CAN2.0B 协议,这意味着实现了扩展的振荡器容差和处理扩展帧报文。在基本 CAN 方式中,仅可发送和接收标准帧报文(11 位标识符),若检测到 CAN 总线上的扩展帧报文(29 位标识符),它们将允许,并在确认报文正确后给予应答,但不会产生接收中断。标识符作为报文的名称将被用于接收器的验收滤波过程中,同时在仲裁处理期间,也用来确定总线访问的优先权。标识符二进制数值越低,其优先权越高。

2)扩展的接收缓冲器

利用 SJA1000 可将原有的 PAC82C200 双接收缓冲器用接收 FIFO 替代,并可用来存储来自 CAN 总线上被接收和滤波的报文,作为 CPU 能访问的一个 FIFO 的 13 字节窗口,接收 FIFO 总长度为 64 字节。通过 FIFO,CPU 可在处理一个报文的同时接收其他报文。

3)增强的错误处理能力

在增强 CAN 模式功能中,SJA1000 为增强错误处理功能增加了一些新的特殊功能寄存器,包括仲裁丢失捕捉寄存器(ALC)、出错码捕捉寄存器(ECC)、错误警告极限寄存器(EWLR)、RX 出错计数寄存器(RXERR)和 TX 出错计数寄存器(TXERR)等。借助于这些错误寄存器可找到丢失仲裁位的位置,分析总线错误类型和位置,确定错误警告极限值以及记录发送和接收时出现错误的个数等。每一种 CAN 总线错误都能产生不同的出错中断。

4)增强的验收滤波功能

SJA1000 带有验收滤波器功能,它的作用是自动检查报文中的标识符和数据字节。通过设置滤波,与该总线节点不相关的一个报文或一组报文将不被 SJA1000 接收,这样可提高 CPU 的利用效率。在增强型 CAN 方式中,SJA1000 还增加了单滤波方式和双滤波方式,可对标准帧和扩展帧实现更复杂的滤波功能。

5)仲裁

仲裁丢失中断,带有详细丢失仲裁的位置的报文,单次发送,在出错或丢失仲裁时不重发,具有只听模式(监视 CAN 总线,无应答,无出错标志)。

6)支持热插拔

对总线无干扰的软件驱动位速率检测,具有自身报文接收(自接收请求)功能和硬件禁止 CLKOUT 输出。

7.2 SJA1000 的基本结构

SJA1000 的内部功能框图如图 7.1 所示。其引脚描述见表 7.2。由图 7.1 可知,SJA1000 独立型 CAN 总线控制器由 7 部分构成。

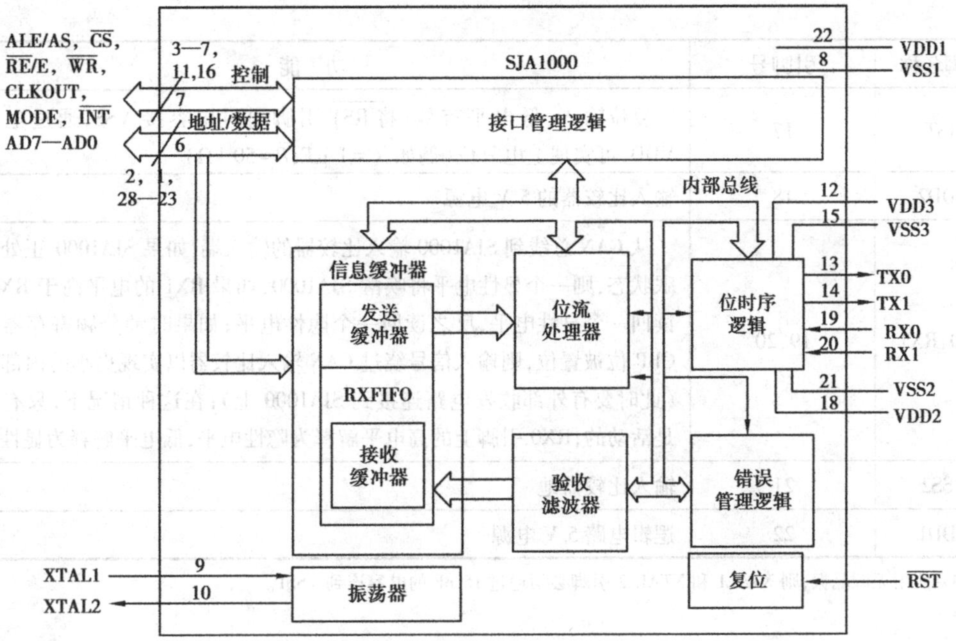

图 7.1　SJA1000 内部结构

表 7.2　SJA1000 引脚描述

引脚名称	引脚号	功　能
AD7—AD0	2,1,28—23	地址/数据总线
ALE/AS	3	ALE 输入信号(Intel 模式),AS 输入信号(Motorola 模式)
$\overline{CS}$	4	片选输入,低电平允许访问 SJA1000
$\overline{RD}$/$\overline{E}$	5	来自 CPU 的 $\overline{RD}$ 信号(Intel 模式)或 $\overline{E}$ 使能信号(Motorola 模式)
$\overline{WR}$	6	来自 CPU 的 $\overline{WR}$ 信号(Intel 模式)或 RD/$\overline{WR}$ 信号(Motorola 模式)
CLKOUT	7	SJA1000 产生的时钟输出信号;由内部振荡器通过可编程的分频器得到;时钟分频寄存器的时钟关闭位可禁止该引脚的信号输出
VSS1	8	逻辑电路地
XTAL1	9	时钟振荡放大器的输入;内部振荡器信号由此输入
XTAL2	10	时钟振荡放大器的输出;当使用外部振荡器时该引脚必须保持开路
MODE	11	模式选择输入:等于 1,选择 Intel 模式;等于 0,选择 Motorola 模式
VDD3	12	输出驱动器的 5 V 电源
TX0	13	从输出驱动器 0 到物理总线的输出端
TX1	14	从输出驱动器 1 到物理总线的输出端
VSS3	15	输出驱动器地
$\overline{INT}$	16	中断输出;中断寄存器中的任意位被置位,$\overline{INT}$ 引脚置低(有效);$\overline{INT}$ 引脚为开漏输出,可与系统内其他 $\overline{INT}$ 中断输出实现线与;该引脚出现低电平将导致已经进入睡眠模式的 SJA1000 重新激活

续表

引脚名称	引脚号	功 能
RST	17	复位输入，低电平有效；将 $\overline{RST}$ 引脚通过电容接 VSS，通过电阻接 VDD，可实现上电复位（例如，$C=1\ \mu F$；$R=50\ k\Omega$）
VDD2	18	输入比较器的 5 V 电源
RX0，RX1	19，20	从 CAN 总线到 SJA1000 输入比较器的输入端；如果 SJA1000 正处于睡眠状态，则一个显性电平将唤醒 SJA1000；如果 RX1 的电平高于 RX0，则读回一个显性电平，反之读回一个隐性电平；如果时钟分频寄存器中的 CBP 位被置位，则输入信号绕过 CAN 输入比较器以实现更小的内部延时（此时要有外部收发电路连接到 SJA1000 上）；在这种情况下，只有 RX0 是活动的；RX0 引脚上的高电平解释为隐性电平，低电平解释为显性电平
VSS2	21	输入比较器地
VDD1	22	逻辑电路 5 V 电源

注：如果使用无源晶振，则 XTAL1 和 XTAL. 2 引脚必须通过 15 pF 的电容连到 VSS1。

7.2.1 SJA1000 内部功能模块说明

1）接口管理逻辑

解释来自 CPU 的命令，控制 CAN 寄存器的寻址，向主微控制器提供中断报文和状态报文。

2）发送缓存器

发送缓存器是 CPU 和位流处理器之间的接口，能够存储发送到 CAN 网络上的完整报文。发送缓存器长 13 字节，由 CPU 写入，位流处理器读出。

3）接收缓存器

接收缓存器（包括 RXB 和 RXFIFO）是接收过滤器和 CPU 之间的接口，用于储存从 CAN 总线上接收和采用的报文。接收缓存器（RXB，长 13 字节）作为接收 FIFO（RXFIFO，长 64 字节）的一个窗口，可被 CPU 访问。在此 FIFO 的支持下，CPU 可在处理报文的同时接收其他报文。

4）接收过滤器

接收过滤器将接收到的标识符和接收过滤寄存器的内容进行比较，以决定是否接收该报文。如果比较的结果为真，则报文完整地存入 RXFIFO 中。

5）位流处理器

位流处理器是一个序列发生器，控制发送缓存器、RXFIFO 和 CAN 总线之间的数据流。它还完成 CAN 总线上的错误检测、仲裁、填充和错误处理的功能。

6）位定时逻辑

位定时逻辑监视串行的 CAN 总线和处理与总线有关的位定时。它同步于帧起始的从隐性到显性电平的跳变（硬同步），并且在接收报文的过程中进行重同步（软同步）。位定时逻辑还提供可编程的时间段用于补偿传播延时和相位变化（如由于振荡器漂移引起的），它还定义采样点和一位时间内的采样次数。

7) **错误管理逻辑**

错误管理逻辑负责传送层模块的错误界定，接收来自位流处理器的出错报告，并通知位流处理器和接口管理逻辑当前的出错状态。

7.2.2　SJA1000 引脚功能和工作模式

1) **SJA1000 引脚功能**

SJA1000 引脚如图 5.2 所示。实物图如图 7.3 所示。

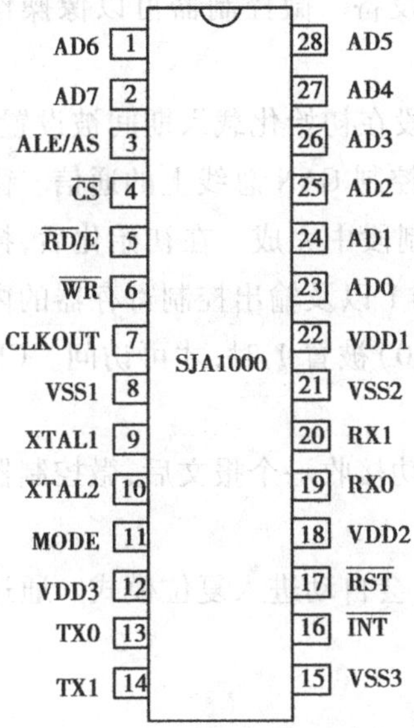

图 7.2　SJA1000 引脚图

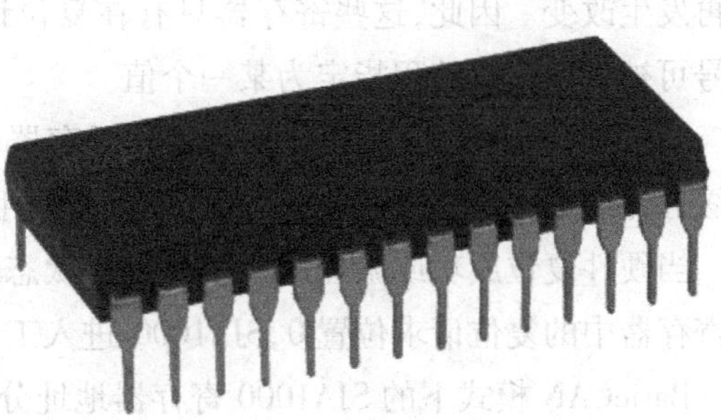

图 7.3　SJA1000 实物图

2) **SJA1000 的工作模式**

SJA1000 有两种寄存器的访问模式，即复位模式和工作模式。不同模式下寄存器的访问是不同的。工作模式通过时钟分频寄存器中的 CAN 模式位来选择。PeliCAN 模式支持 CAN2.0B 协议规定的所有功能，SJA1000 复位后，默认的模式是 BasicCAN 模式。

PeliCAN 模式和 BasicCAN 模式相比，所具有的优点如下：

①标准帧和扩展帧报文的接收和传送。

②接收 FIFO(64 字节)。

③在标准和扩展格式中都有单/双验收滤波器。

④可读/写访问的错误计数寄存器。

⑤可编程的错误报警限额寄存器。

⑥最近一次错误代码寄存器。

⑦对每一个 CAN 总线错误的错误中断。

⑧仲裁丢失中断及详细的位位置。

⑨当错误和仲裁时，不重发。

⑩只听模式(CAN 总线监听，无应答，无错误标志)。

7.3 SJA1000 的 BasicCAN 模式

7.3.1 BasicCAN 模式下的地址分配

SJA1000 对于微控制器而言,表现为内存映射的 I/O 设备。微控制器可以像操作外部 RAM 一样操作 SJA1000 片内的寄存器。

SJA1000 的地址域由控制段和报文缓存器组成。控制段在初始化载入期间被设置,用于配置通信参数(如位定时等),同时微控制器通过文个段来控制 CAN 总线上的通信。微控制器和 SJA1000 之间的状态、控制和命令信号的交换都在控制段中完成。在初始化后,接收码寄存器、屏蔽码寄存器、总线定时寄存器 0、总线定时寄存器 1 以及输出控制寄存器的内容不应再发生改变。因此,这些寄存器只有在复位请求位(CR.0)被置 1 时,才可访问。CIKOUT 信号可被微控制器编程指定为某一个值。

一个报文在发送之前必须写入发送缓存器;反之,在成功接收一个报文后,微控制器从接收缓存器读取报文并释放此部分缓存,以备后用。

当硬件复位成功或微控制器脱离总线状态时,SJA1000 会自动进入复位模式。通过将控制寄存器中的复位请求位置 0,SJA1000 进入工作模式。

BasicCAN 模式下的 SJA1000 寄存器地址分配见表 7.3。

表 7.3 BasicCAN 模式下的 SJA1000 内部寄存器地址分配

偏移地址	名称	工作模式		复位模式	
		读	写	读	写
0	控制段	控制	控制	控制	控制
1		(FFH)	命令	(FFH)	命令
2		状态	—	状态	—
3		中断	—	中断	—
4		(FFH)	—	接收码	接收码
5		(FFH)	—	接收屏蔽码	接收屏蔽码
6		(FFH)	—	总线定时寄存器 0	总线定时寄存器 0
7		(FFH)	—	总线定时寄存器 1	总线定时寄存器 1
8		(FFH)	—	输出控制	输出控制
9		测试	测试①	测试	测试

续表

偏移地址	名称	工作模式		复位模式	
		读	写	读	写
10	发送缓冲器	ID(10-3)	ID(10-3)	(FFH)	—
11		ID(2-0)RTR和数据长度码	ID(2-0)RTR和数据长度码	(FFH)	—
12		字节1	字节1	(FFH)	—
13		字节2	字节2	(FFH)	—
14		字节3	字节3	(FFH)	—
15		字节4	字节4	(FFH)	—
16		字节5	字节5	(FFH)	—
17		字节6	字节6	(FFH)	—
18		字节7	字节7	(FFH)	—
19		字节8	字节8	(FFH)	—
20	接收缓冲器	ID(10-3)	ID(10-3)	ID(10-3)	ID(10-3)
21		ID(2-0)RTR和数据长度码	ID(2-0)RTR和数据长度码	ID(2-0)RTR和数据长度码	ID(2-0)RTR和数据长度码
22		字节1	字节1	字节1	字节1
23	接收缓冲器	字节2	字节2	字节2	字节2
24		字节3	字节3	字节3	字节3
25		字节4	字节4	字节4	字节4
26		字节5	字节5	字节5	字节5
27		字节6	字节6	字节6	字节6
28		字节7	字节7	字节7	字节7
29		字节8	字节8	字节8	字节8
30		(FFH)	—	(FFH)	—
31		时钟分频寄存器②	时钟分频寄存器	时钟分频寄存器	时钟分频寄存器②

注:应该注意的是,所有寄存器将在大于31的偏移地址区域内重复(8位地址中的高3位不参与地址编码,因而偏移地址32相当于偏移地址0,以此类推)。

①测试寄存器只用于产品测试,在正常操作中使用这个寄存器会导致不可预料的结果。

②一些位只在复位模式中才是可写的。

7.3.2　BasicCAN模式下复位时各寄存器的值

SJA1000的硬件复位是指在芯片的复位脚上提供一个低电平(正常工作状态下为高电

平),硬件复位需要足够的时间才能使控制寄存器(control)中的复位请求位置1,SJA1000检测到有复位请求位为1时,将中止当前报文的接收/发送而进入复位模式。在复位请求从1转变到0,SJA1000返回到工作模式。表7.4为SJAl000在复位模式下各寄存器的配置状态。

表7.4　SJA1000在复位模式下各寄存器的配置

寄存器	位	符号	名称	值	
				硬件复位	软件设置CR.0或脱离总线引起的复位
控制	CR.7	—	保留	0	0
	CR.6	—	保留	X	X
	CR.5	—	保留	1	1
	CR.4	OIE	溢出中断允许	X	X
	CR.3	EIE	出错中断允许	X	X
	CR.2	TIE	发送中断允许	X	X
	CR.1	RIE	接收中断允许	X	X
	CR.0	RR	复位请求	1(复位模式)	1(复位模式)
命令	CMR.7	—	保留		
	CMR.6	—	保留		
	CMR.5	—	保留		
	CMR.4	GTS	睡眠		
	CMR.3	CDO	清除数据溢出		
	CMR.2	RRB	释放接收缓冲器		
	CMR.1	AT	终止传送		
	CMR.0	TR	发送请求		
状态	SR.7	BS	总线状态	0(在线)	X
	SR.6	ES	出错状态	0(无错)	X
	SR.5	TS	发送状态	0(空闲)	0(空闲)
	SR.4	RS	接收状态	0(空闲)	0(空闲)
	SR.3	TCS	发送完毕状态	1(完成)	X
	SR.2	TBS	发送缓冲器状态	1(释放)	1(释放)
	SR.1	DOS	数据溢出状态	0	0
	SR.0	RBS	接收缓冲器状态	0(空)	0(空)

续表

寄存器	位	符号	名称	值	
				硬件复位	软件设置CR.0或脱离总线引起的复位
中断	IR.7	—	保留	1	1
	IR.6	—	保留	1	1
	IR.5	—	保留	1	1
	IR.4	WUI	唤醒中断	0	0
	IR.3	DOI	数据溢出中断	0	0
	IR.2	EI	出错中断	0	X
	IR.1	TI	发送中断	0	0
	IR.0	RI	接收中断	0	0
接收码	AC.7-0	AC	接收码	X	X
接收屏蔽码	AM.7-0	AM	接收屏蔽码	X	X
总线定时寄存器0	BTR0.7	SJW.1	同步跳转宽度1	X	X
	BTR0.6	SJW.0	同步跳转宽度0	X	X
	BTR0.5	BRP.5	比特率预设值5	X	X
	BTR0.4	BRP.4	比特率预设值4	X	X
	BTR0.3	BRP.3	比特率预设值3	X	X
	BTR0.2	BRP.2	比特率预设值2	X	X
	BTR0.1	BRP.1	比特率预设值1	X	X
	BTR0.0	BRP.0	比特率预设值0	X	X
总线定时寄存器1	BTR1.7	SAM	采样	X	X
	BTR1.6	TSEG2.2	时间段2.2	X	X
	BTR1.5	TSEG2.1	时间段2.1	X	X
	BTR1.4	TSEG2.0	时间段2.0	X	X
	BTR1.3	TSEG1.3	时间段1.3	X	X
	BTR1.2	TSEG1.2.	时间段1.2	X	X
	BTR1.1	TSEG1.1	时间段1.1	X	X
	BTR1.0	TSEG1.0	时间段1.0	X	X

续表

寄存器	位	符号	名称	值	
				硬件复位	软件设置 CR.0 或脱离总线引起的复位
输出控制	OC.7	OCTP1.	输出控制晶体管 P1	X	X
	OC.6	OCTN1	输出控制晶体管 N1	X	X
	OC.5	OCPOL1	输出控制极性 1	X	X
	OC.4	OCTP10	输出控制晶体管 P0	X	X
	OC.3	OCTN0	输出控制晶体管 N0	X	X
	OC.2	OCPOL0	输出控制极性 0	X	X
	OC.1	OCMDE1	输出模式 1	X	X
	OC.0	OCMDE0	输出模式 0	X	X
发送缓冲器	—	TXB	发送缓冲器	X	X
接收缓冲器	—	RXB	接收缓冲器	X	X
时钟分频器	—	CDR	时钟分频寄存器	00H(Intel) 05H(Motorola)	X

表 7.4 说明如下：

①"X"表示这些寄存器或位不受影响，括号中是功能说明。

②读命令寄存器的结果总是 11111l11。

③脱离总线时，出错中断位被置位（中断被允许情况下）。

④RXFIFO 的内部读/写指针被设置成初始值。连续地读 RXB 会得到一些未定义的数据（部分旧报文）。当发送报文时，报文也接收到了接收缓冲器中，但不产生接收中断，且接收缓冲区是不锁定的。因此，即使接收缓冲器是空的，最近一次发出的报文也可从接收缓冲器读出，直到它被下一条发送或接收的报文取代。

硬件复位时 RXFIFO 的指针指到物理地址 0 的 RAM 节点，软件设置 CR.0 或因为总线关闭的缘故 RXFIFO 的指针将被设置到当前有效 FIFO 的开始地址，这个地址不同于物理的 RAM 地址 0，而是第一次释放接收缓冲器命令后的有效起始地址。

7.3.3 BasicCAN 模式下的寄存器介绍

1）控制寄存器 CR

控制寄存器的内容用来改变 SJA1000 的行为。微控制器 MCU 对控制寄存器的读/写操作与数据存储器类似。控制寄存器偏移地址为 0，其各位的功能见表 7.5。

表 7.5　控制寄存器各位的说明

位	符号	名称	值	功能
CR.7	—	—	—	保留①
CR.6	—	—	—	保留②
CR.5	—	—	—	保留③
CR.4	OIE	溢出中断使能	1	允许。如果数据溢出位（状态寄存器 SR.1）置位,SJA1000 会产生 CPU 可识别的硬件中断
			0	禁止。CPU 不会得到与溢出中断相关的硬件中断
CR.3	EIE	出错中断使能	1	允许。如果出错状态或总线状态（状态寄存器 SR.6 或 SR.7）改变,SJA1000 会产生 CPU 可识别的硬件中断
			0	禁止。CPU 不会得到与出错中断相关的硬件中断
CR.2	TIE	发送中断使能	1	允许。当报文被成功发送或发送缓冲器又可访问（例如,中止发送命令后）时,SJA1000 会产生 CPU 可识别的中断信号
			0	禁止。CPU 不会得到与发送中断相关的硬件中断
CR.1	RIE	接收中断使能	1	允许。报文被无错接收时,SJA1000 会产生 CPU 可识别的硬件中断
			0	禁止。CPU 不会得到与接收中断相关的硬件中断
CR.0	RR	复位请求④	1	置位。SJA1000 检测到复位请求后,中止当前正在发送/接收的报文,进入复位模式
			0	消 0。在复位请求在 1 到 0 的转变中,SJA1000 回到工作模式

表 7.5 说明如下：

①对控制寄存器的任何写访问都将设置该位为逻辑:0（复位值为 0）。

②在 PCA82C200 中该位是用来选择同步模式的。在 SJA1000 中模式选择不再使用了,故这一位的设置不会影响微控制器。为了软件上的兼容,这一位是可以被设置的。硬件或软件复位后不改变这一位。它只反映用户软件写入的值。

③读此位的值总是逻辑 1。

④在硬启动或总线状态（SR.7）位为 1（脱离总线）时,复位请求位被置为 1。如果这些位被软件访问,其值将发生变化,而且会影响内部时钟的下一个上升沿（内部时钟的频率是外部晶振的 1/2）。在外部复位期间,微控制器不能把复位请求置为 0;如果把复位请求位设为 0,微控制器就必须检查该位是否确实设置为 0,以保证是在外部复位引脚不为低时写入的。复

位请求位的变化是与内部分频时钟同步的,读复位请求位能够反映出这种同步状态。

复位请求位被置0后,SJA1000做以下操作;

①如果进行的复位是由硬件复位,CPU初始化复位写起的,则等待一个总线空闲信号(11个隐性位)。

②如果进行的复位请求是SJA1000在从脱离总线状态到重新在线时引起的,则将等待128个总线空闲信号。必须说明的是,如果复位请求位置1,一些寄存器的值会被改变(见表7.4)。

2)**命令寄存器** CMR

命令寄存器对微控制器来说是只写存储器。如果去读这个地址,返回值是11111111。两条命令之间至少间隔一个内部时钟周期。内部时钟的频率是外部振荡频率的1/2。命令寄存器初始化SJA1000传输层上的动作,它的偏移地址为1。

命令寄存器各位的说明具体见表7.6。

表7.6 命令寄存器各位的说明值

位	符号	名称	值	功能
CMR.7	—	—	—	保留①
CMR.6	—	—	—	保留②
CMR.5	—	—	—	保留③
CMR.4	GTS	睡眠	1	睡眠。如果没有未处理的CAN中断和总线活动,SJA1000进入睡眠模式
			0	唤醒。SJA100从睡眠状态唤醒,正常工作
CMR.3	CDO	清除数据溢出	1	清0。清除数据溢出状态位(SR.1)
			0	无动作
CMR.2	RRB	释放接收缓冲器	1	释放。释放RXFIFO报文储存空间中的接收缓冲器空间
			0	无动作
CMR.1	AT	终止发送	1	置位。如果一个发送请求尚未被处理(即正等待处理),那么它将被取消
			0	清0。无动作
CMR.0	TR	发送请求	1	置位。报文被发送
			0	清0。无动作

表7.6说明如下:

①将睡眠位(GTS)置:1,并且没有总线活动,没有中断等待时,SJA1000将进入睡眠模式。破坏其中任何一种情况将会导致GTS的唤醒中断。设置成睡眠模式后,CLKOUT信号持续至少15 s的时间,以使被这个信号锁定的微控制器在CLKOUT信号变低之前进入准备模式。

如果前面提到的3种条件之一被破坏,则SJA1000将被唤醒;GTS被置为0后,总线转入活动或INT有效(低电平)。一旦唤醒,振荡器就将启动而且产生一个唤醒中断。因为总线活动而唤醒的SJA1000直到检测到11个连续的隐性位(一个总线空闲序列)才能接收到这个报文。在复位模式中,GTS位是不能被置1的。在清除复位请求后,且再一次检测到总线空闲,

GTS位才可以被置1。

②清除数据溢出命令位是用来清除由数据溢出状态位(SR.1)指出的数据溢出情况的。如果清除数据溢出位被置1,就不会产生数据溢出中断了。在释放接收缓冲器命令的同时是可发出清除数据溢出命令的。

③读接收缓冲器之后,微控制器可通过设置释放接收器缓存位为1来释放RXFIFO中当前报文的内存空间。这可能会导致接收缓冲器中断的另一条报文立即有效。这样,会再次产生接收中断(使能条件下)。如果没有其他可用报文,就不会再产生接收中断,接收缓冲器状态位(SR.0)被清0。

④中止,发送位是在CPU要求当前传送暂停时使用的,例如:传送一条紧急报文,正在进行的传送是不停止的。要查看原始报文是否被成功发送,可通过发送完成状态位来检测。不过,这必须在发送缓冲器状态位(SR.2)为1(释放)或发送中断产生的情况下才能实现。

⑤如果发送请求在前面的命令中被置1,那么就不可通过直接设置为0来取消它了。不过,可通过设置中止发送位为1来取消发送。

3)状态寄存器(SR)

状态寄存器的内容反映了SJA1000当前的工作状态。状态寄存器对微控制器来说是只读存储器。状态寄存器的偏移地址是2,其各位的功能说明见表7.7。

表7.7　状态寄存器各位的功能说明

位	符号	名称	值	功能
SR.7	BS	总线状态	1	脱离总线;SJA1000退出总线活动
			0	在线。SJA1000参与总线活动
SR.6	ES	出错状态	1	出错。至少接收或发送错误计数器一个已达到或超过CPU报警限制
			0	无错。两个错误计数器都在报警限以下
SR.5	TS	发送状态	1	发送。SJA1000正在发送报文
			0	空闲。没有正在发送的报文
SR.4	RS	接收状态	1	接收。SJA1000正在接收报文
			0	空闲。没有正在接收的报文
SR.3	TCS	发送完毕状态	1	完成。最近一次发送请求被成功处理
			0	未完成。当前发送请求未处理完成
SR.2	TBS	发送缓冲器状态	1	释放。CPU可以向发送缓冲器写入报文
			0	锁定。CPU不能访问发送缓冲器;有报文正在等待发送或正在发送
SR.1	DOS	数据溢出状态	1	溢出。报文因RXFIFO中没有足够的空间而丢失
			0	正常。自从上一次执行清除数据溢出命令以来无数据溢出发生
SR.0	RBS	接收缓冲器状态	1	满。在RXFIFO中有一条或多条可用的完整报文
			0	空。无可用报文

表 7.7 说明如下：

①总线状态：当传输错误计数器超过限制(255)，(总线状态位置 1——总线关闭)，SJA1000 就会将复位请求位置 1，在出错中断允许的情况下，会产生一个出错中断。这种状态会持续直到 CPU 清零复位请求位。所有这些完成之后，SJA1000 将会等待协议规定的最小时间(128 个总线空闲信号)。总线状态位被清 0 后(总线开启)，出错状态位被置为 0，错误计数器复位且产生一个错误中断(若中断允许)。

②出错状态：根据 CAN2.0B 协议说明，在接收或发送时检测到错误会影响错误计数。当至少有一个错误计数器满或超出 CPU 警告限制(96)时，出错状态位被置 1。在允许情况下，会产生出错中断。

③发送状态和接收状态：如果接收状态位和发送状态位都是 0，则 CAN 总线是空闲的。

④发送完成状态：无论何时，只要发送请求位被置 1，发送完成位都会被置 0(未完成)。发送完成位的 0 会一直保持到报文被成功发送。

⑤发送缓冲状态：如果 CPU 在分发送缓冲器状态位是 0(锁定)时，试图写发送缓冲器，则写入的字节被拒绝接收且会在无任何提示的情况下丢失。

⑥数据溢出状态：当要被接收的报文成功地通过接收屏蔽后(例如，仲裁完成后)，SJA1000 需要在 RXFIFO 中用一些空间来存储这条消息的描述符。因此，必须有足够的空间来存储接收的每一个数据字节。如果没有足够的空间存储报文，报文将会丢失且只向 CPU 提示数据溢出情况。如果这个接收到的报文除了最后一位之外都无错误，报文有效。

⑦接收缓冲状态：在读 RXFIFO 中的报文且用释放接收缓存命令来释放内存空间之后，这一位被清 0。如果 FIFO 中还有可用报文，此位将在下一位的时限(tSCL)被重新设置。

4)中断寄存器(IR)

中断寄存器是允许中断源的识别。当寄存器的一位或多位被置位时，INT(低电平有效)引脚就被激活了。寄存器被微控制器读过之后，所有位复位，这导致了 INT 引脚上的电平抬起，中断寄存器对微控制器来说是只读存储器。中断寄存器各位的功能说明见表 7.8，它的偏移地址是 3。

表 7.8　中断寄存器各位的功能说明

位	符号	名称	值	功能
IR.7	—	—	—	保留
IR.6	—	—	—	保留
IR.5	—	—	—	保留
IR.4	WUI	唤醒中断	1	置位。退出睡眠模式时此位被置 1
			0	清 0。CPU 的任何读访问将清零此位
IR.3	DOI	数据溢出中断	1	置位。当数据溢出中断使能位被置为 1 时，且数据溢出状态位(CR.4)从 0 到 1 跳变此位被置 1
			0	清 0。微控制器的任何读访问将清零此位
IR.2	EI	出错中断	1	置位。出错状态位或总线状态位发生改变会(置 1 或清 0)且出错位中断允许时，此位被置 1
			0	清 0。CPU 的任何读访问将清零此位

续表

位	符号	名称	值	功能
IR.1	TI	发送中断	1	置位。发送缓冲器状态从 0 变为 1(释放)和发送中断允许位置位时,此位被置 1
			0	清 0。CPU 的任何读访问将清零此位
IR.0	RI	接收中断	1	置位。当接收 FIFO 不空,且接收中断允许位置位时,此位被置 1
			0	清 0。CPU 的任何读访问将清零此位

表 7.8 说明如下:

①IR.7—IR.5:读这几位的值总是 1。

②如果当 SJA1000 参与总线活动或 CAN 中断正在等待时,CPU 试图进入睡眠模式,唤醒中断也会产生。

③数据溢出中断位(中断允许的情况下)和溢出状态位是同时被置位的。

④接收中断位(中断允许时)和接收缓冲器状态位是同时被置位的。必须说明的是接收中断位在读的时候被清零,即使 FIFO 中还有其他可用报文。一旦释放接收缓冲器命令后,接收缓冲器中如果还有其他可用报文,接收中断(中断允许时)会在下一个 t_{SCL} 被重新置位。

5)发送缓冲器列表

发送缓冲器的全部内容列表见表 7.9。该缓冲器是用来存储微控制器要 SJA1000 发送的报文的。它被分为描述符区和数据区。发送缓冲器的读/写只能由微控制器在 SJA1000 处于工作模式的情况下完成。在复位模式下读出的值总是 FFH。

表 7.9　发送缓冲器列表

偏移地址	区	名称	位 7	位 6	位 5	位 4	位 3	位 2	位 1	位 0
10	描述符	标识符字节 1	ID.10	ID.9	ID.8	ID.7	ID.6	ID.5	ID.4	ID.3
11		标识符字节 2	ID.2	ID.1	ID.0	RTR	DLC.3	DLC.2	DLC.1	DLC.0
12	数据	TX 数据 1	发送数据字节 1							
13		TX 数据 2	发送数据字节 2							
14		TX 数据 3	发送数据字节 3							
15		TX 数据 4	发送数据字节 4							
16		TX 数据 5	发送数据字节 5							
17		TX 数据 6	发送数据字节 6							
18		TX 数据 7	发送数据字节 7							
19		TX 数据 8	发送数据字节 8							

(1)标识符(ID)

标识符有 11 位(ID0—ID10)。ID10 是最高位,在仲裁过程中是最先被发到总线上的。标识符就像报文的名字。它在接收器的验收滤波器中被用到,也在仲裁过程中决定总线访问的优先级。标识符的值越低,其优先级越高。

(2)远程发送请求(RTR)

如果 RTR 置 1,总线将以远程帧发送数据,这意味着发送的帧中没有数据字节。尽管如此,也需要同识别码相同的数据帧来识别正确的数据长度。如果 RTR 位没有被置位,数据将以数据长度码规定的长度来传送。

(3)数据长度码(DLC)

在数据区的字节数由数据长度码决定。在远程帧传送时,由于 RTR 位为 1 数据长度码不被考虑。这导致传送/接收的数据字节数为 0。尽管如此,数据长度码应正确填写,用于区分在两个 SJA1000 同时发送具有相同标识符的远程帧时,不同的数据请求而发生总线错误。

数据字节长度的范围是 0 ~ 8 字节。其计算方法为

$$数据字节数 = 8\times DLC.3 + 4\times DLC.2 + 2\times DLC.1 + DLC.0$$

为了保持兼容性,数据长度码不超过 8。如果选择的值超过 8,则按照 DLC 规定的 8 字节发送。

(4)数据区

传送的数据字节由数据长度码决定。最先发送的是在偏移地址 12 的数据字节 1 的最高位。

6)接收缓冲器

接收缓冲器的全部列表和发送缓冲器类似。接收缓冲器是 RXFIFO 中可访问的部分,位于 CAN 地址的 20 ~ 29。

标识符、远程发送请求位和数据长度码与发送缓冲器相同,只不过是在地址 20 ~ 29。如图 7.4 所示,RXFIFO 共有 64 字节的报文空间。在任何情况下,FIFO 中可存储的报文数取决

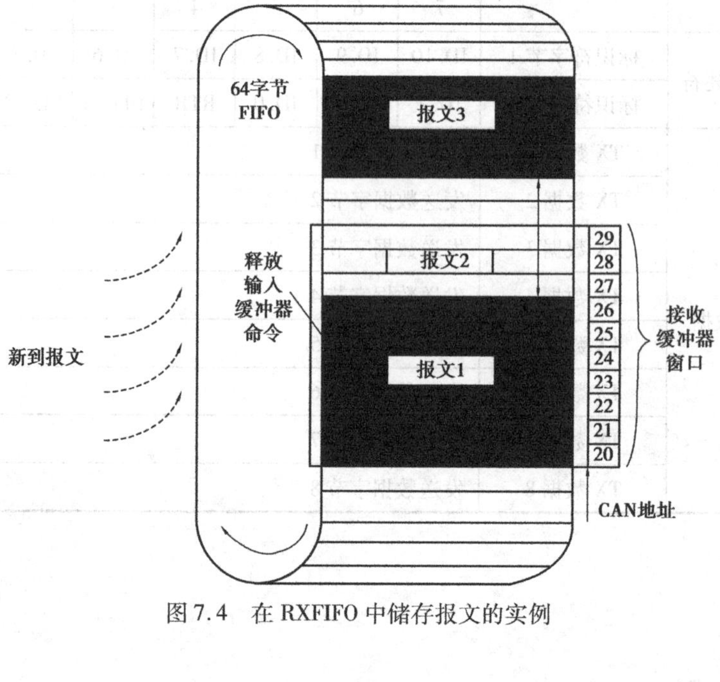

图 7.4　在 RXFIFO 中储存报文的实例

于各条报文的长度。如果RXFIFO中没有足够的空间来存储新报文,SJA1000则会产生数据溢出。数据溢出发生时,已部分写入RXFIFO的当前报文将被删除。这种情况将通过状态位或数据溢出中断(中断允许时,如果除了最后一位整个数据块被无误接收,也使RX报文有效)反映到微控制器。

7)接收过滤器

在接收过滤器的帮助下,SJA1000能够允许RXFIFO只能接收标识符与接收过滤器中预设值相一致的报文。接收过滤器通过接收码寄存器(ACR)和接收屏蔽码寄存器(AMR)来定义。

(1)接收码寄存器(ACR)

接收码寄存器(ACR)偏移地址是4。其各位含义见表7.10。

表7.10　接收码寄存器(ACR)的位分配

位序	BIT7	BIT6	BIT5	BIT4	BIT3	BIT2	BIT1	BIT0
含义	AC.7	AC.6	AC.5	AC.4	AC.3	AC.2	AC.1	AC.0

复位请求位被置1(复位)时,用户可以访问(读/写)接收码寄存器。如果一条报文通过了接收过滤器的测试而且接收缓冲器有空间,那么描述符和数据将被分别顺次写入RXFIFO。当报文被正确接收完毕,就会接收缓冲器状态位置1(满)。如果接收中断允许位置1(使能),则接收中断位置1(产生中断)。

(2)接收屏蔽码寄存器(AMR)

接收屏蔽码寄存器(AMR)偏移地址是5。其各位含义见表7.11。

表7.11　接收屏蔽码寄存器(AMR)的位分配

位序	BIT7	BIT6	BIT5	BIT4	BIT3	BIT2	BIT1	BIT0
含义	AM.7	AM.6	AM.5	AM.4	ACM.3	AM.2	AM.1	AM.0

如果复位请求位置1(复位),用户可访问(读/写)接收屏蔽码寄存器。接收屏蔽码寄存器定义接收码寄存器的相应位对接收过滤器是相关的(AM.X=0)或无影响的(AM.X=1)。

如果接收屏蔽码位(AM.7—AM.0)被设为相关的,接收码位(AC.7—AC.0)和报文标识符的高8位(ID.10—ID.3)必须相等,则满足下面方程的描述,报文才会被接收,即

$$[(ID.10—ID.3)=(AC.7—AC.0)]\vee(AM.7—AM.0)=11111111 \qquad (7.1)$$

8)其他寄存器

下面讨论的寄存器在BasicCAN PeliCAN中的用法相同,是常规寄存器。

(1)总线定时寄存器0(BTR0)

总线定时寄存器0定义了波特率预设值(BRP)和同步跳转宽度(SJW)的值。复位模式有效时这个寄存器是可以被访问(读/写)的。

如果选择的是PeliCAN模式,此寄存器在工作模式中是只读的。在BasicCAN模式中总是FFH。

总线定时寄存器0的偏移地址为6。它的各位功能说明见表7.12。

表 7.12　总线定时寄存器 0 的位功能说明

位序	BIT7	BIT6	BIT5	BIT4	BIT3	BIT2	BIT1	BIT0
含义	SJW.7	SJW.6	BRP.5	BRP.4	BRP.3	BRP.2	BRP.1	BRP.0

①波特率预设值(BRP)

CAN 系统时钟 t_{SCL} 的周期是可编程的,而且决定了相应的位时序。CAN \系统时钟的计算公式为

$$t_{SCL} = 2 \times t_{SCL} \times (32 \times BRP.5 + 16 \times BRP.4 + 8 \times BRP.3 + 4 \times BRP.2 + 2 \times BRP.1 + BRP.0 + 1) \tag{7.2}$$

$$t_{CLK} = T_{XTAL} = 1/f_{XTAL} \tag{7.3}$$

②同步跳转宽度(SJW)

为了补偿在不同总线控制器的时钟振荡器之间的相位偏移,任何总线控制器必须在当前传送的相关信号边沿重新同步。同步跳转宽度定义了每个位周期可被重新同步缩短或延长的时钟周期的最大数目,即

$$t_{SJW} = t_{SCL} \times (2 \times SJW.1 + SJW.0 + 1) \tag{7.4}$$

(2)总线定时寄存器 1(BTR1)

总线定时寄存器 1 定义了每个位周期的长度、采样点的位置和每个采样点的采样数目。在复位模式中,这个寄存器可以被读/写访问。在 PeliCAN 模式的工作模式中,这个寄存器是只读的。在 BasicCAN 模式中总是 FFH。

总线定时寄存器 1 的位功能说明见表 7.13,偏移地址是 7。

表 7.13　总线定时寄存器 1 的位功能说明

位序	BIT7	BIT6	BIT5	BIT4	BIT3	BIT2	BIT1	BIT0
含义	SAM	TSEG2.2	TSRG2.1	TSRG2.0	TSRG1.3	TSRG1.2	TSRG1.1	TSRG1.0

①采样(SAM)

在低/中速总线上(SAEA 和 B 级),为了过滤总线上的毛刺,一般采样位 SAM 为 1(3 倍),总线采样 3 次。在高速总线(SAEC 级)上,一般 SAM 为 0(单倍),总线采样 1 次。

②时间段 1(TSEG1)和时间段 2(TSEG2)

图 7.5 说明了一个位周期的构成,TSEG1 和 TSEG2 决定了每一位的时钟数目和采样点的位置。

其中:

$$t_{SYNCSEG} = 1 \times t_{SCL}$$

$$t_{TSEG1} = t_{SCL} \times (8 \times TSEG1.3 + 4 \times TSEG1.2 + 2 \times TSEG1.1 + TSEG1.0) \tag{7.5}$$

$$t_{TSEG2} = t_{SCL} \times (4 \times TSEG2.2 + 2 \times TSEG2.1 + TSEG2.0) \tag{7.6}$$

(3)输出控制寄存器(OCR)

输出控制寄存器实现了由软件对输出驱动的不同配置。在复位模式中此寄存器可被读/写访问。在 PeliCAN 模式的工作模式中,这个寄存器是只读的。在 BasicCAN 模式中读此寄存器总是 FFH。

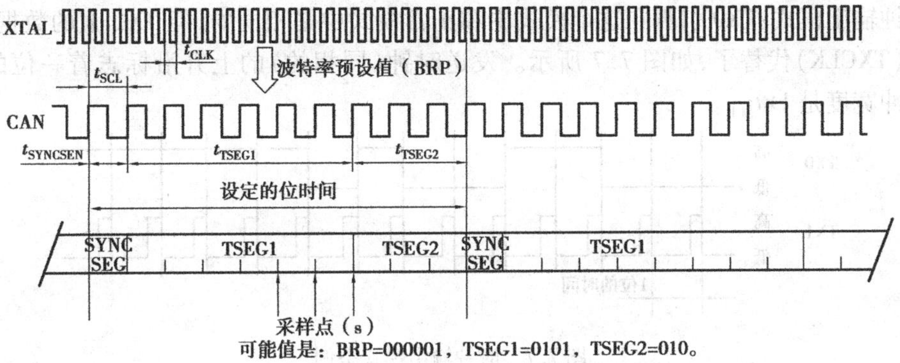

图7.5　一个位周期的总体结构

输出控制寄存器(OCR)的位功能说明见表7.14,偏移地址是8。

表7.14　输出控制寄存器(OCR)的位功能说明

位序	BIT7	BIT6	BIT5	BIT4	BIT3	BIT2	BIT1	BIT0
含义	OCTP1	OCTN1	OCPOL1	OCTP0	OCTN0	OCPOL0	OCMODE1	OCMODE0

当SJA1000在睡眠模式中时,TX0和TX1引脚根据输出控制寄存器的内容输出隐性的电平。在复位状态(复位请求=1)或外部复位引脚RST被拉低时,输出TX0和TX1悬空。收发器的输入/输出控制逻辑如图7.6所示。

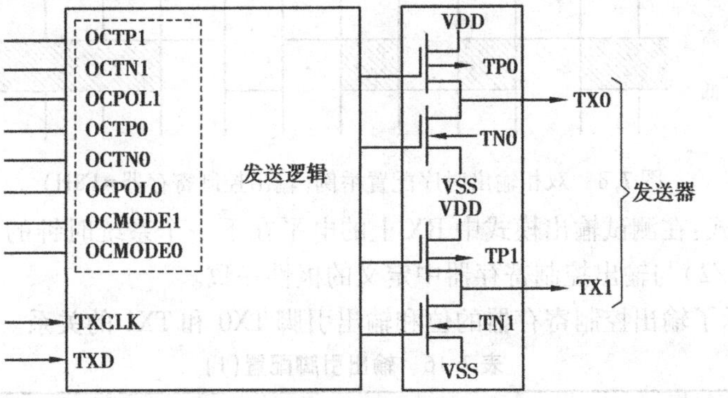

图7.6　收发器的输入/输出控制逻辑

发送输出阶段可以有不同的模式,表7.15给出了OCMODE位的说明。

表7.15　OCMODE位的说明

OCMODE1	OCMODE0	说　明	OCMODE1	OCMODE0	说　明
0	0	双相输出模式	1	0	正常输出模式
0	1	测试输出模式	1	1	时钟输出模式

注:测试输出模式中,TXn会在下一个系统时钟的上升沿映射到RX的各引脚上。TN1,TNO,TP1,TPO配置同OCR相对应。

正常输出模式:正常输出模式中位序列TXD通过TX0和X1送出。输出驱动引脚TX0和TX1的电平取决于被OCTPx和OCTNx(悬空、上拉、下拉和推挽)编程的驱动器的特性,以及被OCPOLx编程的输出端极性。

时钟输出模式：TX0 引脚在这个模式中和正常模式中是相同的，但 TX1 上的数据流被发送时钟（TXCLK）代替了，如图 7.7 所示。发送时钟（同相的）的上升沿标志着一位的开始。时钟脉冲宽度是 $1\times t_{SCL}$。

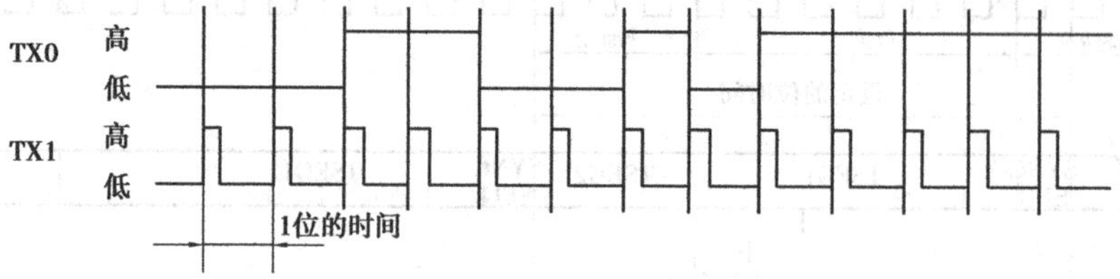

图 7.7　时钟输出模式举例

双相输出模式：相对于正常输出模式，这里的位代表着时间的变化和触发。如果总线控制器被发送器从总线上通电退耦，则位流不允许含有直流分量。在隐性位期间输出是无效的（悬空），显性位是交替使用 TX0 和 TX1 电平发送。例如，第一个显性位在 TX0 上发送，第二个显性位在 TX1 上发送，第三个在 TX0 上发送，以此类推。

双相输出时序配置举例如图 7.8 所示。

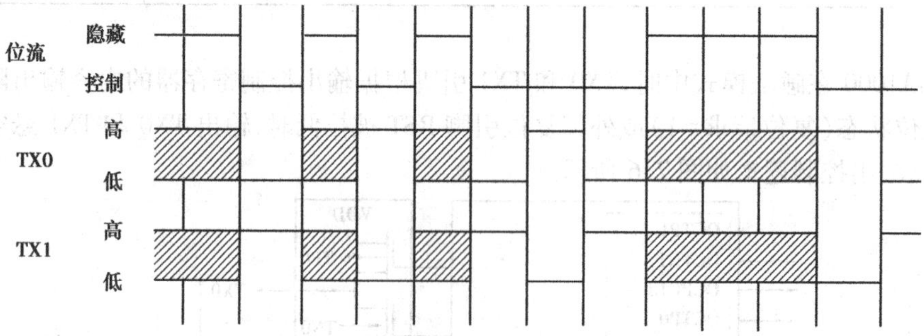

图 7.8　双相输出时序配置举例（输出控制寄存器=F8H）

测试输出模式：在测试输出模式中 RX 上的电平在下一个系统时钟的上升沿映射到 TXn 上，系统时钟（$f_{osc}/2$）与输出控制寄存器中定义的极性一致。

表 7.16 显示了输出控制寄存器的位和输出引脚 TX0 和 TX1 的关系。

表 7.16　输出引脚配置（1）

驱动模式配置	TXD	OCTPx	OCTNx	OCPOLx	TPx	TNx	TXx
悬空	×	0	0	×	关	关	悬空
下拉	0	0	1	0	关	开	低
	1	0	1	0	关	关	悬空
	0	0	1	1	关	关	悬空
	1	0	1	1	关	开	低
上拉	0	1	0	0	关	关	悬空
	1	1	0	0	开	关	高
	0	1	0	1	开	关	高
	1	1	0	1	关	关	悬空

续表

驱动模式配置	TXD	OCTPx	OCTNx	OCPOLx	TPx	TNx	TXx
推挽	0	1	1	0	关	开	低
	1	1	1	0	开	关	高
	0	1	1	1	开	关	高
	1	1	1	1	关	开	低

注:×表示不受影响;TPx 是片内输出晶体管 X,连接 VDD;TNx 是片内输出晶体管 X,连接 VSS;TXx 是在引脚 TX0 或 TX1 上的串行输出电平。当 TXD=0 时,CAN 总线上的电平是显性的;当 TXD=1 时,CAN 总线上的输出电平是隐性的。

位序列(TXD)通过 TX0 和 TX1 发送。输出驱动引脚上的电平取决于被 OCTPx 和 OCTNx(悬空、上拉、下拉和推挽)编程的驱动器的特性,以及被 OCPOLx 编程的输出端极性。

(4)时钟分频寄存器(CDR)

时钟分频寄存器为微控制器控制 CLKOUT 的频率以及屏蔽 CLKOUT 引脚。它还控制着 TX1 上的专用接收中断脉冲、接收比较通道、BasicCAN 模式与 PeliCAN 模式的选择。硬件复位后寄存器的默认状态是 Motorola 模式(00000101,12 分频)和 Intel 模式(00000000,2 分频)。

软件复位(复位请求/复位模式)时,此寄存器不受影响。

保留位(CDR.4)总是 0。应用软件总是向此位写 0 以与将来可能使用此位的特性兼容。时钟分频寄存器的位功能说明见表 7.17,偏移地址是 31。

表 7.17　时钟分频寄存器的位功能说明

位序	BIT7	BIT6	BIT5	BIT4	BIT3	BIT2	BIT1	BIT0
符号	CAN mode	CBP	RXINTEN	CD.4	Clock off	CD.2	CD.1	CD.0

①CD.4(保留位)

保留 CD.4 读回值总是 0,应用软件应该只向此位写 0,以保证未来特性兼容,因为当该位被使用时,1 代表某些功能被激活。

②CD.2—CD.0(外部 CLKOUT 频率控制)

在复位模式和工作模式中,CD.2—CD.0 都可被访问。这些位是用来控制外部 CLKOUT 引脚上的频率。可选频率见表 7.18。

表 7.18　CLKOUT 频率选择

CD.2	CD.1	CD.0	时钟频率	CD.2	CD.1	CD.0	时钟频率
0	0	0	$F_{osc}/2$	1	0	0	$F_{osc}/10$
0	0	1	$f_{OSC}/4$	1	0	1	$f_{OSC}/12$
0	1	0	$f_{OSC}/6$	1	1	0	$f_{OSC}/14$
0	1	1	$f_{OSC}/8$	1	1	1	f_{OSC}

注:f_{OSC} 是外部振荡器(XTAL)频率。

③Clock Off(时钟关闭)

将该位置1可关闭SJA1000的外部CLKOUT引脚输出。关闭的CLKOUT引脚在睡眠模式下为低,非睡眠模式下为高。只有在复位模式下才可写访问该位。

④RXINTEN(专用接收中断输出控制)

置位此位允许TX1输出用来做专用接收中断输出。当一条已接收的报文成功通过接收过滤器,一位时间长度的接收中断脉冲就会在TX1引脚输出(帧的最后一位期间)。发送输出阶段应该工作在正常输出模式。输出极性和输出驱动可以通过输出控制寄存器编程。只有在复位模式中该位才可写访问。

⑤CBP(CAN输入控制)

只能在复位模式置位CDR.6,置位此位可中止CAN输入比较器。这主要用于SJA1000外接发送接收电路时。此时,内部延时被减少,这将会导致总线长度最大可能值的增加。如果CBP被置位,只有RX0被激活。没有被使用的RX1输入应被连接到一个确定的电平(例如,VSS)。

⑥CAN模式

CDR.7定义了CAN模式。如果CDR.7是0,则SJA1000工作于BasicCAN模式;否则,SJA1000工作于PeliCAN模式。该位只有在复位模式中是可以写的。

本书重点介绍SJA1000的BasicCAN模式,这里SJA1000的PeliCAN模式不再详细介绍,请感兴趣的读者可参阅其他资料了解SJA1000的PeliCAN模式。

7.4 CAN收发器PCA82C250/82C251

PCA82C250/251收发器是协议控制器(SJA1000)和物理传输线路之间的接口。它们可用高达1Mbit/s的位速率在两条有差动电压的总线电缆上传输数据。

7.4.1 PCA82C250的主要特性

①与ISO/DIS11898标准全兼容。

②高速(最高可达1 Mbit/s)。

③具有抗汽车环境下的瞬间干扰及保护总线的能力。

④降低射频干扰RFI(Radio Frequency Interference)的斜率控制。

⑤热防护。

⑥防护电池与地之间发生短路。

⑦低电流待机方式。

⑧某一个节点掉电不会影响总线。

⑨可有110个节点相连接。

7.4.2 PCA82C250的硬件结构

PCA82C250功能如图7.9所示,PCA82C250基本性能数据见表7.19,其各个引脚的功能见表7.20。

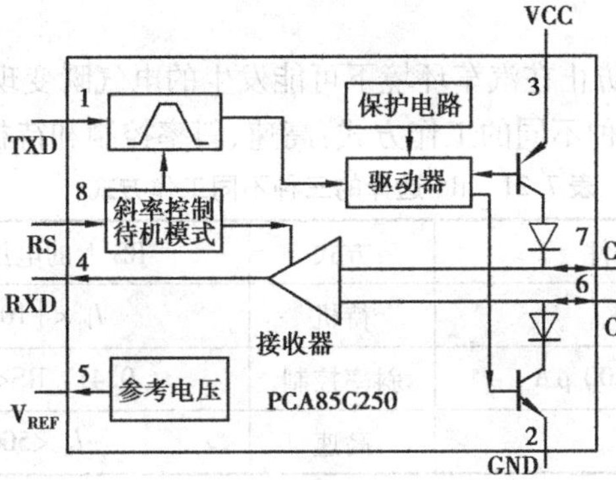

图7.9　PCA82C250功能图

表7.19　PCA82C250基本性能参数

符号	参数	条件	最小值	典型值	最大值	单位
V_{cc}	电源电压		4.5	—	5.5	V
I_{cc}	电源电流	待机模式	—		170	μA
$1/t_{Bit}$	发送速率最大	NRZ	1		—	Mb
V_{CAN}	CANH,CANL输入/输出电压		-8	-2	+18	V
ΔV	差动总线电压	高速模式	1.5	—	3.0	V
γ_d	传播延迟		—	—	50	ns
T_{amb}	工作环境温度		-40	—	+125	℃

表7.20　PCA82C250引脚功能

符号	引脚号	功能	符号	引脚号	功能
TXD	1	发送数据输入端		5	基准电压输出端
GND	2	地	CANL	6	低电平CAN电压输入/输出端
VCC	3	电源电压	CANH	7	高电平CAN电压输入/输出端
RXD	4	接收数据输出端	RS	8	斜率电阻输入端

7.4.3　PCA82C250的功能描述

PCA82C250是CAN控制器和物理总线之间的接口,最初用于汽车中高速(至1 Mbit/s)扩展应用。器件提供向总线的差动发送能力和对CAN控制器的差动接收能力。它与ISO11898标准完全兼容。

片内限流电路可防止发送输出级对电池电压的正端和负端短路。虽然在这种故障条件出现时功耗增加,但这种特性可防止发送输出级的破坏。

若结温超过大约160 ℃时,两个发送器输出端的极限电流将减少。由于发送器是功耗的主要部分,因此决定了芯片的较低温度。IC的所有其他部分将仍然工作。当总线短路时,热保护十分需要。

CANH 和 CANL 双线也防止在汽车环境下可能发生的电气瞬变现象。

引脚 8(RS)允许选择 3 种不同的工作方式:高速、斜率控制和待机,见表 7.21。

表 7.21　RS 选择的三种不同工作方式

RS 提供条件	方式	RS 上的电压或电流
$V_{RS}>0.75V_{cc}$	待机	$I_{RS}<\|10\ \mu A\|$
$10\ \mu A<-I_{RS}<200\ \mu A$	斜率控制	$0.4V_{CC}RS<0.6V_{CC}$
$V_{RS}<0.3V_{cc}$	高速	$-I_{RS}<500\ \mu A$

在高速工作方式下,发送器输出晶体管简单地以尽可能快的速度启闭。在这种方式下,不采取任何措施限制上升和下降斜率。建议使用屏蔽电缆以避免射频干扰问题。通过将引脚 8 接地可选择高速方式。

对较低速度或较短总线长度,可用非屏蔽双绞线或平行线作为总线。为降低射频干扰,应限制上升和下降斜率。上升和下险斜率可通过由引脚 8 至地之间连接的电阻进行控制。斜率正比于引脚 8 上的电流输出。

若引脚 8 上加有高电平,则电路进入低电流待机方式。在这种方式下,发送器被关掉,而接收器转至低电流。若检测到显性位(不同总线电压)0.9 V,RXD 将转至低电平,微控制器应通过将收发器转回至正常方式(通过引脚 8)对此条件作出反应。由于在待机方式下,接收器是慢速的,因此,第一个报文将被丢失。CAN 收发器真值表见表 7.22。

表 7.22　CAN 收发器真值表

电源	TXD	CANH	CANL	总线状态	RXD
4.5 ~ 5.5 V	0	高电平	低电平	显性	0
4.5 ~ 5.5 V	1(或悬浮)	悬浮状态	悬浮状态	隐性	1
<2 V	×	悬浮状态	悬浮状态	隐性	×
$2<V_{cc}<4.5$ V	$>0.75V_{cc}$	悬浮状态	悬浮状态	隐性	×
$2<V_{cc}<4.5$ V	×	若 $V_{RS}>0.75V_{cc}$,则悬浮	若 $V_{RS}>0.75V_{cc}$,则悬浮	隐性	×

本章小结

要编写 CAN 总线通信程序,只要了解 CAN 总线协议,熟悉 SJA1000 寄存器的配置,就可完成 CAN 总线通信。因此,在了解 CAN 总线数据帧结构后,还必须详细了解 SJA1000。

1) SJA1000 的两个工作模式

SJA1000 的两个工作模式是 BasicCAN 模式和 PeliCAN 模式。这两种模式所使用的寄存器数目不同,功能也不尽相同。BasicCAN 有 0 ~ 31 共 32 个寄存器可用,PeliCAN 有 0 ~ 127 共 128 个寄存器可用。要实现 CAN 通信,主要就是学会如何配置这些寄存器。

在不同的工作模式下，如在 Peli 的模式下模式寄存器可用，而 Basic 的工作模式下控制寄存器可用。同一个寄存器在不同的工作模式下有不同的设置方法（如中断寄存器）。

2）要掌握的重要寄存器

模式寄存器、命令寄存器、状态寄存器、中断寄存器、中断使能寄存器、总线定时器 0、总线定时器 1、输出控制寄存器、时钟分频寄存器、屏蔽寄存器 0—3 和验收代码寄存器 0—3。

各个寄存器的作用如下：

①模式寄存器：控制 SJA1000 运行在什么模式下，包括睡眠模式、自检测模式、复位模式、只听模式。

②命令寄存器：启动发送或自发送；释放接收寄存器；中止发送。

③状态寄存器：指示 JA1000 的状态，以判断是否可以进行下一步操作。

④中断寄存器：当发生中断后，读其值可以判断是什么原因引起的中断。

⑤中断使能寄存器；打开相应的中断。

⑥总线定时器：设置通信的速率。

⑦输出控制寄存器：控制输出模式。

⑧时钟分频寄存器：控制 CAN 总线采用哪种模式。

⑨验收代码寄存器和屏蔽寄存器：决定接收哪类标识码的数据。注意验收滤波器的设置。

思考题

1. 简述 CAN 独立控制器 SJA1000 的特点。

2. 比较 SJA1000 在两个工作模式下地址分配和复位值有什么不同。

3. 分析单过滤器模式下，标准帧和扩展帧的过滤过程。

4. 如何设置发送缓冲器的描述符区数据以及 ACR 和 AMR 的值，并以此设置节点地址？

5. CAN 总线采用非破坏性逐位仲裁机制解决总线访问冲突问题，请简述其基本原理。

6. 已知 CAN 网络的位时间是 1 μs，设 CAN 网络中标准格式的数据帧包含 3 个字节有效数据，则其最小 CAN 中断速率是多少？

7. CAN 现场总线的发送器和接收器均使用 SJA1000，采用 CAN2.0A 规范，发送器发送的 4 个报文的 ID 分别为：

（1）11001100001；

（2）11001101001；

（3）11001000001；

（4）11001001001。

欲使接收器只接收报文（1）、（3），应如何设置接收器 SJA1000 的 ACR 和 AMR？

第8章 CAN总线智能节点的设计及CAN总线的应用

8.1 CAN总线系统智能节点设计

节点是网络上信息的接收站和发送站。CAN总线系统中共有两种类型的节点:不带微处理器的非智能节点和带微处理器的智能节点。

如由一片P82C150就可构成一个数字和模拟信号采集的节点,像这种节点就是非智能节点。

在远程测控系统中,都要通过传感器或其他测量装置获取环境或相关的输入参数,传送到处理器,经过一定的算法,作出相应的控制决策,启动执行机构对系统进行控制;基于CAN总线的测控系统将单个测控设备变成网络节点,将控制系统中所需的基本控制、运行参数修改、报警、显示和监控等功能分散到各个远程节点中。因此,总线上的节点应具有总线通信功能和测控功能,这必然离不开微处理器。通常把具有这类功能的节点称为智能节点。

也就是说,智能节点是由微处理器和可编程的CAN控制芯片组成。它们有两者合二为一的,如芯片P8xC591;也有如上章介绍的,由独立的通信控制芯片与单片机接口构成的。由于前者设计时需专用的开发工具,而后者可采用通用的单片机仿真器。因此,后者在设计时更为灵活方便,用得也更多,但前者的可靠性更高。

本章所介绍的CAN总线系统智能节点,采用89C51作为节点的微处理器,在CAN总线通信接口中CAN通信控制器采用上一章所介绍的SJA1000,CAN总线驱动器采用82C250。

8.1.1 CAN网络节点结构和SJA1000应用结构图

一般把每个CAN模块分成不同的功能块。这里以分布式恒温控制节点构成的CAN控制网络为例(见图8.1),分析基于CAN总线的分布式网络节点的结构。

CAN节点由微处理器、CAN控制器SJA1000、光耦合器6N137模块及CAN驱动器PCA82C250构成。CAN控制器SJA1000执行在CAN规范中规定的完整的CAN协议,用于报文的缓冲和验收过滤,负责与微控制器进行状态、控制和命令等信息交换;在SJA1000下层是CAN收发器PCA82C50,是CAN控制器和总线接口,用于控制从CAN控制器到总线物理层或

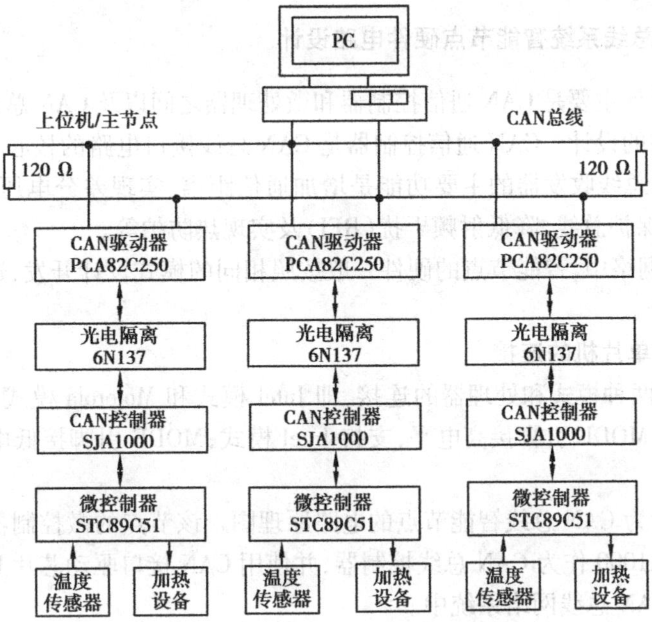

图 8.1　CAN 总线控制网络结构图

相反的逻辑电平信号，提供对总线的差动发送和对 CAN 控制器的差动接收功能。光耦合器 6N137 起隔离作用。

所有这些 CAN 模块都由微处理器控制，它负责执行应用的功能，负责控制执行器（如加热设备）、读传感器（如温度）和处理人机接口。

如图 8.2 所示为 SJA1000 的应用结构图。在 CAN 规范中，CAN 核心模块控制 CAN 帧的发送和接收。接口管理逻辑负责连接外部微处理器，该控制器可以是单片机、DSP 或其他器件。经过 SJA1000 复用的地址/数据总线可访问寄存器和控制读/写选通信号。

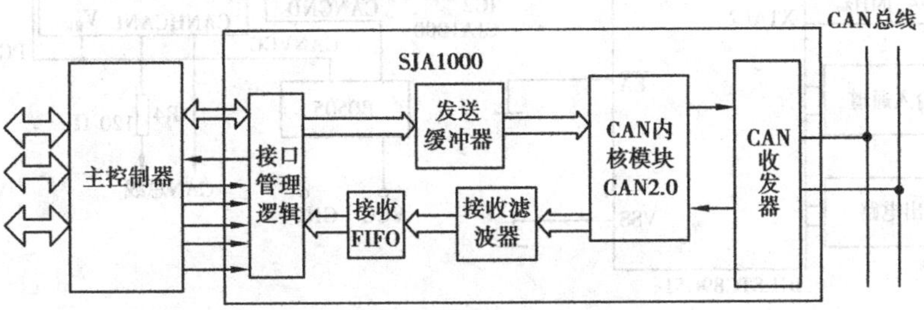

图 8.2　SJA1000 的应用结构图

SIA1000 的发送缓冲器能存储一个完整的报文（扩展的或标准的）。当微处理器初始化发送接口管理逻辑后，CAN 核心模块就会从发送缓冲器读 CAN 报文。当收到一个报文时，CAN 核心模块将串行位流转换成用于验收过滤器的并行数据。通过这个可编程的过滤器，SJA1000 能确定微处理器要接收哪些报文。

所有接收的报文由验收滤波器验收并存储在接收 FIFO 中。存储报文的多少由工作模式决定，最多可存储 32 个报文。

8.1.2 CAN 总线系统智能节点硬件电路设计

硬件电路的设计主要是 CAN 通信控制器和微处理器之间以及 CAN 总线收发器和物理总线之间的接口电路的设计。CAN 通信控制器是 CAN 总线接口电路的核心，主要完成 CAN 的通信协议，而 CAN 总线收发器的主要功能是增加通信距离、实现差分电压输出、提高系统的瞬间抗干扰能力、保护总线、降低射频干扰（RFI）及实现热防护等。

在 CAN 通信网络中，智能节点的硬件一般按照相同的模式设计开发，通信过程也按照相同的应用协议进行。

1）SJA1000 与单片机的连接

SJA1000 支持两种模式和处理器的连接，即 Intel 模式和 Motorola 模式；通过 MODE 引脚来选择接口模式。MODE 引脚接高电平，支持 Intel 模式；MODE 引脚接低电平，支持 Motorola 模式。

如图 8.3 所示为 CAN 总线智能节点的电路原理图。该节点的微控制器选用了 8 位单片机 STC89C51。SJA1000 作为 CAN 总线控制器，并使用 CAN 接口驱动芯片 PCA82C250。此节点可直接运用到 CAN 总线网络系统中。

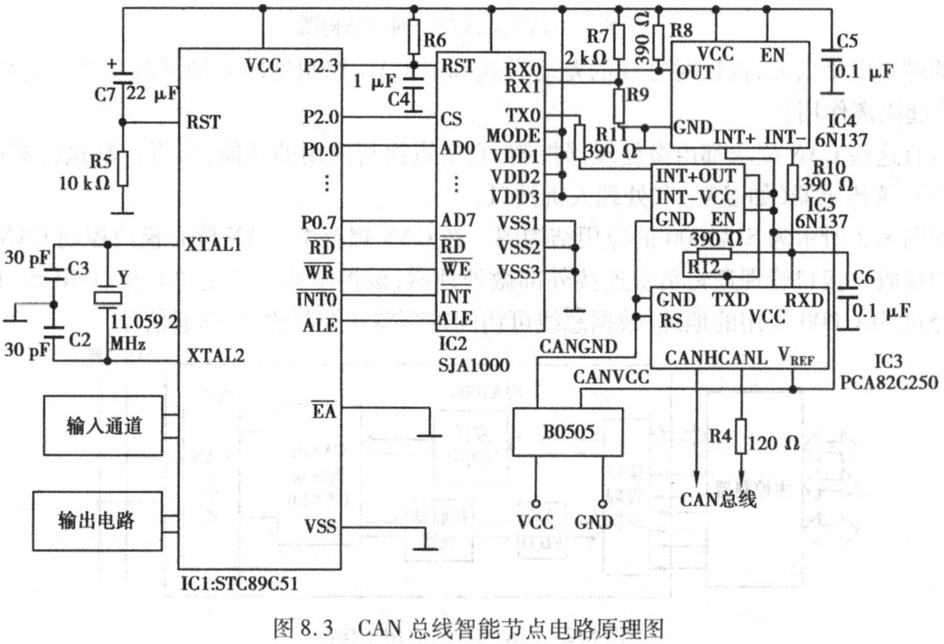

图 8.3 CAN 总线智能节点电路原理图

SJA1000 的数据线和地址线是共用的，可直接连接 STC89C51 的数据线和地址线。单片机 I/O 引脚 P2.0 作为 SJA1000 的片选信号可将 SJA1000 看成单片机的一个外部 RAM 扩展电路。SJA1000 支持两种模式单片机的连接，这里选用的是 8051 系列的单片机，故选择的是 SJA1000 复位端连接到 STC89C51 的 P2.3 脚，实现 SJA1000 的软件复位。SJA1000 的 16 脚是中断信号输出端，在中断允许的情况下，有中断发生时，16 脚出现由高电平到低电平的跳变。因此，16 脚可直接与 STC89C51 的外部中断输入引脚连接。SJA1000 的读/写信号、锁存信号 ALE 直接与单片机对应引脚连接。

SJA1000 能用片内振荡器或片外时钟源工作；另外，Clockout 引脚可被使能，向微处理器输出时钟频率。如果不需要时钟 Clockout 信号,则可通过置位时钟分频寄存器(Clock Off=1),关断 SJA1000 的最高时钟频率可达 24 MHz。图 6.3 中使用的是 16 MHz 的晶振。

2)SJA1000 与 PCA82C250 的接口

SJA1000 有两路发送和接收引脚,CAN 总线节点使用了第 0 路。与 PCA82C250 的连接较简单,直接连接数据发送和接收引脚。为了便于调试,可增加通信状态指示灯。

3)PCA82C250 外围电路

设计中,选择 PCA82C250 芯片作为 CAN 驱动器,是因其具有高速性(最高可达 1Mbit/s),具有抗瞬间干扰保护总线的能力,具有降低射频干扰的斜率控制。

PCA82C250 芯片的 RS 引脚为斜率电阻输入。通过这个引脚来选择 PCA82C250 的工作模式。

(1)高速模式

通过将引脚 8 接地,可选择高速方式。在高速工作方式下,发送器输出晶体管简单地以尽可能快的速度启闭。在这种方式下,不采取任何措施限制上升和下降斜率。使用屏蔽电缆以避免射频干扰问题。

(2)斜率模式

上升和下降斜率可通过由引脚 8 至地连接的电阻进行控制,斜率正比于引脚 8 上的电流输出。对较低速度或较短总线长度,可用非屏蔽双绞线或平行线作总线。为降低射频干扰,应限制上升和下降斜率。

为了滤除总线上的干扰,提高系统稳定性,在 CANH 和 CANL 引脚增加阻容电路。SJA1000 通过光耦合器与 PCA82C250 的连接是电流隔离的接法,这样可防止线路间的串扰。在总线两端要接两个 120 Ω 的总线阻抗匹配电阻。忽略掉它们会降低总线的抗干扰能力,甚至导致无法通信。

4)电源电路

SJA1000 有 3 对电源引脚,适用于 CAN 控制器内部各个数字和模拟模块。其中,VDD1/VSS1 是内部逻辑电路(数字)的电源,VDD2/VSS2 是输入比较器(模拟)电源,VDD3/VSS3 是输出驱动器电源(模拟)。若想要使智能节点有更好的 EME 性能,应将电源分割开来。

为了增强 CAN 总线节点的抗干扰能力,SJA1000 的 TX0 和 RX0 通过高速光耦合器 6N137 与 PCA82C250 相连,这样就很好地实现了总线上各 CAN 节点之间的电气隔离。电源的完全隔离可采用小功率电源隔离模块或带多组 5V 隔离输出的开关电源模块实现,这些部分虽然增加了节点的复杂程序,但却提高了节点的稳定性和安全性。

8.1.3　CAN 总线系统智能节点软件设计

在 CAN 通信网络中,各个智能节点的软件和硬件一样,也都采用相同的模式。智能节点的软件一般由以下 4 个部分构成:

1)CAN 通信软件

CAN 通信软件包括 CAN 控制器 SJA1000 的初始化设置、报文的接收和发送、错误数据处理等。

2)应用层协议软件

该部分要按照 CAN 总线的应用协议来编写,完成对接收数据的解析、对待发送报文的组装。

3)数据管理中心

数据管理中心是 CAN 点全部数据在微处理器 RAM 中的分配表,包括各种数据标志、CAN 相关数据和过程数据等。

4)具体应用程序

具体应用程序包括变量输入函数和输出控制函数等。

由于不同的应用网络有不同的数据分配模式和不同的应用程序。因此,这里着重讨论 CAN 总线的通信软件。在 CAN 节点通信软件设计之前,首先要熟悉建立 CAN 通信的步骤和流程。

8.1.4 建立 CAN 通信的步骤和流程

通过 CAN 线建立通信的步骤如下:

1)系统上电后

①根据 SJA1000 的硬件和软件连接设置微处理器。

②在 SJA1000 硬件复位后,根据选择的模式、验收滤波、位定时等设置 CAN 控制器的通信。

2)在应用的主过程中

①准备要发送的报文并激活 SJA1000 发送这些报文。

②对被 CAN 控制器接收的报文起作用。

③在通信期间对发生的错误起作用。

建立 CAN 通信的主程序流程图,如图 8.4 所示。

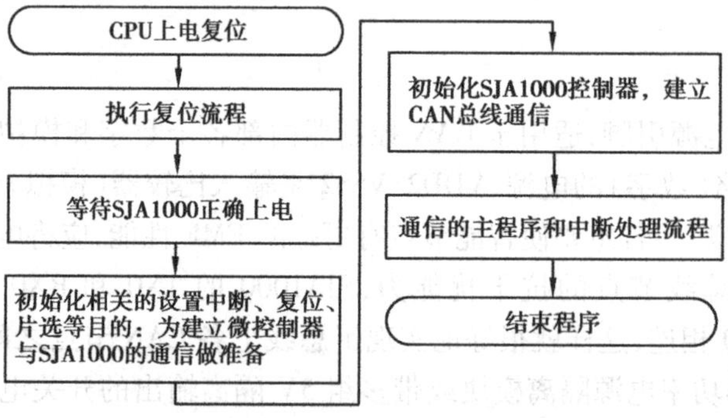

图 8.4 CAN 节点程序总体流程图

CAN 总线智能节点的软件设计主要包括三大部分:CAN 节点初始化、报文发送和报文接收。熟悉这 3 个部分程序的设计,就能编写出利用 CAN 总线进行通信的一般应用程序。本章着重介绍以上 3 个部分。

8.1.5 CAN 初始化程序的设计方法

CAN 控制器的初始化是 CAN 总线系统设计中极为重要的一部分,是系统正常工作的前提。CAN 控制器从上电到能正常工作,一般需要经过硬件复位和软件配置。SJA1000 的初始化设置是在复位模式(控制器寄存器中复位请求位为 1)下进行的。在由 CPU 操作期间,它可能会发送一个软件复位请求,SJA1000 会被重新配置再次初始化。其流程如图 8.5 所示。

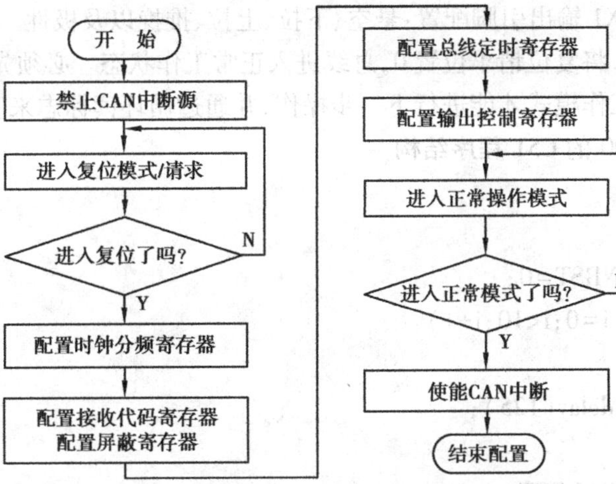

图 8.5　SJA1000 初始化流程

上电后,微处理器在运行完自己的特殊复位程序后进入 SJA1000 的设置程序。SJA1000 初始化过程的描述如图 8.6 所示。假设上电后独立 CAN 控制器在引脚 1 得到一个低电平复位脉冲,使它进入复位模式,在设置 SJA1000 的寄存器前,微处理器通过读复位模式/请求标志来检查 SJA1000 是否已达到复位模式,因为要得到配置信息的寄存器仅在复位模式可写。

在复位模式中,SJA1000 寄存器初始化配置顺序如下:

①配置模式寄存器(仅在 PeliCAN 模式)选择 CAN 的工作模式。其配置内容如下:

- 验收滤波器模式。
- 自我测试模式。
- 仅听模式。

②配置时钟分频寄存器选择 CAN 工作在 BasicCAN 模式还是 PeliCAN 模式。其配置内容如下:

- 使用 BasicCAN 模式还是 PeliCAN 模式。
- 是否使能 CLKOUT 引脚。
- 是否旁路 CAN 输入比较器。
- TXL 输出是否用作专门的接收中断输出。

③配置总线定时寄存器确定波特率。其配置内容如下:

- 定义总线的位速率。
- 定义位周期内的位采样点。
- 定义在一个位周期里采样的数量。

④配置中断使能寄存器决定使用哪几个中断。

⑤配置验收码和屏蔽码决定接收哪一类节点的数据。其配置内容如下:

- 定义接收报文的验收码。
- 对报文和验收码进行比较的相关位定义验收屏蔽码。

⑥配置输出控制寄存器。其配置内容如下:

- 定义 CAN 总线输出引脚 TX0 和 TX1 的输出模式:正常输出模式、时钟输出模式、双相输出模式或测试输出模式。

• 定义 TX0 和 TX1 输出引脚配置：悬空、下拉、上拉、推挽以及极性。

初始化设置结束，将复位请求位置 0，总线进入正常工作状态。必须先检查标志是否确实被清除，是否进入了工作模式才能进行下一步操作，并通过循环读标志来实现。

1）初始化 SJA1000 的 C51 程序结构

主函数中：

```
…
序号 1     CANRST=0;
     2     for(i=0;i<10;i++)
           {
              delay(125);
           }
     3        CANRST=1;
     4        can_init();
              ⋮
CAN 初始化子函数：
     5        void can_init()
               {
     6          uchar i;
     7          CON_REG=0x01;
     8          for(i=0;i<5;i++)
                  {_nop_();}
     9          ACC_C_REG=address;
     10         ACC_M_REG=0x00;
     11         TIM0_REG=0x53;
     12         TIM1_RBG=0x2f;
     13         OUT_C_REG=0xaa;
     14         CON_REG=0xfe;
                }
```

这里采用延时的办法来保证 SJA1000 确实进入复位模式。此外，还可采用读取控制寄存器中复位请求位状态的办法。如果要进行硬件复位，将 RST 引脚拉低后读取复位请求位状态并等待，直到该位为 1，表示 SJA1000 已进入复位模式，就可释放 RST 引脚。如果通过将复位请求位置 1 使 SJA1000 进入复位模式，也应读取该位的状态，确保 SJA1000 已进入复位模式才可对相应寄存器进行配置。同理，SJA1000 进入工作模式前也应进行类似的状态判断。因为复位请求位的变化是同 SJA1000 内部分频时钟同步的，所以读复位请求位能反映出这种同步状态。

2）程序分析与解释

序号 1：硬件复位 SJA1000，拉低 RST 引脚。

序号 2：延时一段时间，保证可靠复位。

序号 3：释放 CANRST，硬件复位结束。

序号 4:调用 CAN 初始化函数,初始化 SJA1000。

序号 5:定义 CAN 初始化函数。

序号 6:定义无符号字符变量 I 作为循环变量。

序号 7:进入复位模式。

序号 8:延时。

序号 9:接收码为本采集器地址。

序号 10:设置接收屏蔽码,全相关。

序号 11、序号 12:定时寄存器,16 MHz 晶振,20 Kbit/s。

序号 13:输出控制寄存器,正常输出模式,TX0 正逻辑、下拉输出驱动。

序号 14:退出复位模式,进入工作模式。

8.1.6　CAN 发送程序设计方法

根据 CAN 协议规范,报文的传输由 CAN 控制器 SJA1000 独立完成。微处理器必须首先将要发送的报文传送到发送缓冲器,然后将命令寄存器中的“发送请求”标志置位。发送过程可由 SJA1000 的中断请求控制或由查询控制段的状态标志控制,即查询发送或中断发送。

1)查询发送

CAN 控制器的发送中断在查询发送控制中禁止。只要 SJA1000 正在发送报文,发送缓冲器就被写锁定。因此在将新报文放入发送缓冲器之前,微处理器必须检查状态寄存器的发送缓冲器状态标志。查询发送程序流程如图 8.6 所示。

①发送缓冲器被锁定。微处理器将周期查询状态寄存器,等待发送缓冲器被释放。

②发送缓冲器被释放。微处理器将新的报文写入发送缓冲器并置位命令寄存器中的发送请求 TR 标志,此时 SJA1000 将启动发送。

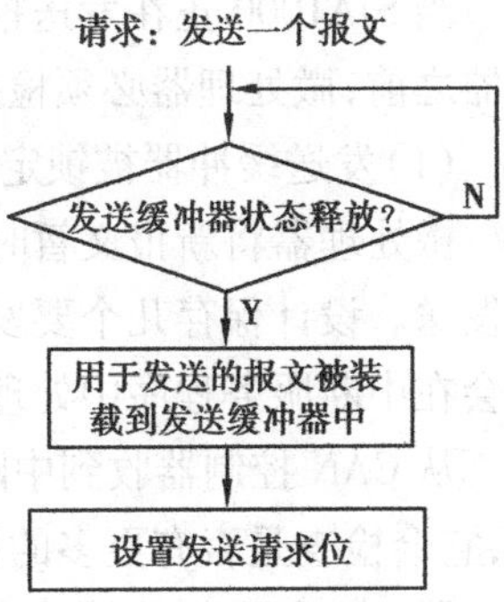

图 8.6　查询发送程序流程

CAN 发送流程还包括一定的错误处理。这里有两种情况:一是总线过于繁忙而报文优先级过低,导致报文在正常时间内无法发送成功;二是总线出现故障,或 SJA1000 由于强烈干扰等原因发送出错,不能返回发送成功标志。因此,需要对发送进行监控和出错处理。

发送数据顺序如下:

①查询状态寄存器,判断是否正在接收,是否正在发送,是否数据缓冲区被锁。

②配置发送缓冲区。

③配置命令寄存器,启动发送。

发送过程中,采用了软件看门狗的设计。每帧数据发送之后,可通过发送中断置发送成功标志,发送程序通过对成功标志的查询来做相应处理。这里发送程序并不是循环死等发送成功的报文,而是将等待限制在一定的时间内,每帧发送命令后即开始软件计时,计时基准由定时器产生,这样就可避免程序因等待而陷入死循环。

2)中断发送

根据图 8.7(a)给出的控制器的主要过程,CAN 控制器的发送中断,以及 SJA1000 通信微处理器使用的外部中断使能而且优先级高于启动发送(也由中断控制)。中断使能标志是位于 BasicCAN 模式的控制寄存器和 PeliCAN 模式的中断使能寄存器。

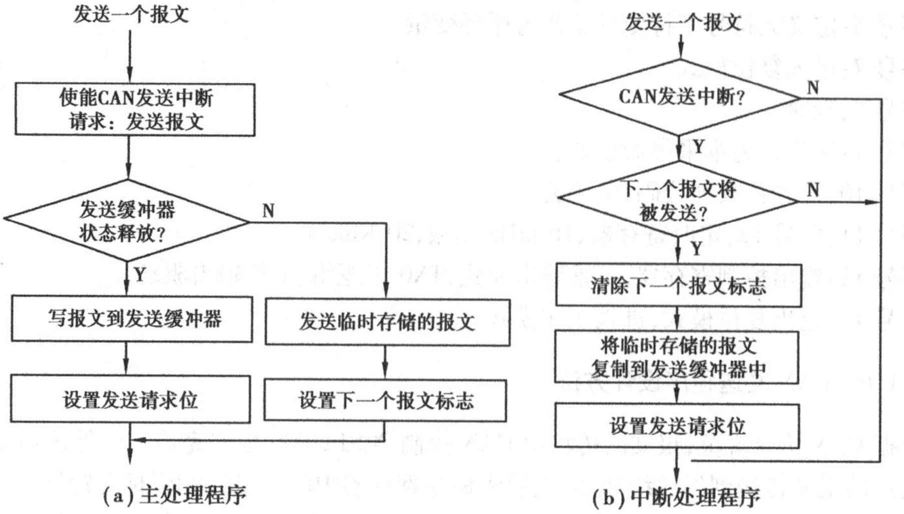

图 8.7　中断发送报文流程

当 SJA1000 正在发送报文时,发送缓冲器被写锁定。因此,在放置一个新报文到发送缓冲器之前,微处理器必须检查状态寄存器的“发送缓冲器状态标志”。

(1)发送缓冲器被锁定

微处理器将新报文暂时存放在它自己的存储器里并设置一个标志,表示一个报文正在等待发送。设计保存几个要发送报文的临时存储器是软件设计者需解决的问题。启动传输报文会在中断服务程序中处理,程序在当前运行的发送末端被初始化。

从 CAN 控制器收到中断(见图 8.7(b))后,微处理器会检查中断类型。如果是发送中断,它会检查是否有更多的报文要被发送。一个正在等待的报文会从临时存储器复制到发送缓冲器,表示要发送更多信息的标志被清除。置位命令寄存器的发送请求 TR 标志使 SJA1000 启动发送。

(2)发送缓冲器被释放

微处理器将新报文写入发送缓冲器并置位命令寄存器的发送请求 TR 标志,这将使 SJA1000 启动发送。当发送成功结束时,CAN 控制器会产生一个发送中断。

3)中止发送

一个已经请求发送的报文,可通过置位命令寄存器的相应位执行“中止发送命令”停止发送。这个功能可用于:发送一个比现在的报文更紧急的报文,而这个报文已被写入发送缓冲器,但是还未成功发送。

图 8.8 显示了一个使用发送中断的流程。这个流程显示了发送更高优先级的报文而中止当前发送报文的情况。不同原因的中止报文发送要求不同的中断流程,一个相应的流程能从查询控制发送的处理中得到。

由于不同的原因一个报文在仍等待处理情况下,发送缓冲器会锁定(见图 8.8(a))。如果要求发送一个紧急报文,置位命令寄存器里中止发送位。当这条等待处理的报文已被成功发送或中止后,发送缓冲器被释放,同时产生一个发送中断。在中断流程中,要检查状态寄存器的发送完成标志,确定前面的发送是否成功。状态“未完成”表示发送被中止。在这种情况下,微处理器要运行一个特殊程序来处理中止发送。例如,在检查后重复发送中止的报文(如果它仍然有效)。

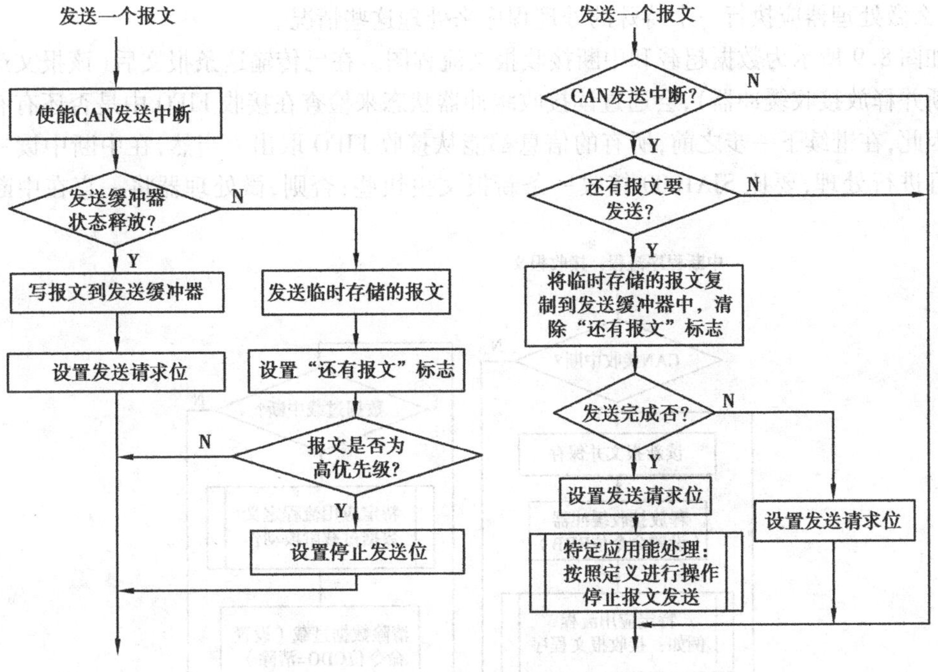

(a)主处理程序 (b)中断处理程序

图8.8 中止发送一个报文的流程(中断控制)

8.1.7 CAN接收程序设计方法

1)中断控制接收

CAN控制器可产生4种中断,但占用的是一个硬件中断资源。因此,需要软件区分中断源。对于发送中断,表示上次CAN发送成功,置相应标志位通知主程序;对于接收中断,如果SJA1000已接收一个报文,而且报文已通过验收滤波器并存储在接收FIFO,那么会产生一个接收中断。因此,微处理器能立刻作用,将收到的报文发送到自己的报文存储器,然后通过置位命令寄存器的相应标志RRB发送一个释放接收缓冲器命令,以便下一次数据的接收。

接收数据顺序如下:

①采用中断接收,关CPU中断。

②判断是否接收中断。

③判断是远程帧还是数据帧。

④读取数据。

⑤开中断。

2)数据超载处理方法

如果接收FIFO在满负荷状态,而这时还有其他报文需要接收,就会通过置位状态寄存器中的数据超载状态位(如果使能),通知微处理器有数据超载的情况,SJA1000会产生一个数据超载中断。

如果运行在数据超载的状态下,由于微处理器没有足够的时间及时从接收缓冲器获取收到的报文而发生超载,则一个表示数据丢失的数据超载信号就会导致系统矛盾。因此,一个系统应设计成“收到的信息要被足够快地传输和处理”,避免产生数据超载。如果发生数据超载,那么微处理器应执行一个特殊的处理程序来处理这些情况。

如图 8.9 所示为数据超载和中断接收报文流程图。在已传输这条报文后(该报文产生接收中断并释放接收缓冲器),会通过读接收缓冲器状态来检查在接收 FIFO 中是否还有有效报文。因此,在继续下一步之前,所有的信息都能从接收 FIFO 取出。当然,在中断中读一条报文并且进行处理,要比 SJA1000 接收一条新报文更快些;否则,微处理器将一直在中断里读报文。

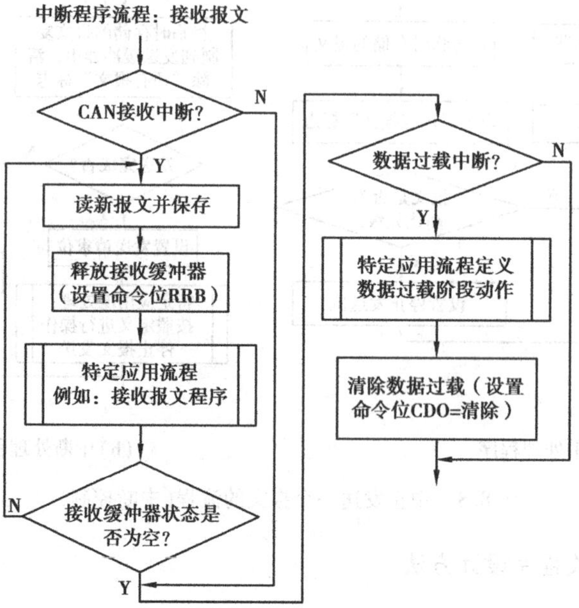

图 8.9　数据超载与中断接收报文流程图

检测到数据超载后,可根据“数据超载”策略启动一个异常处理。这个策略可在以下两种情况下决定:

①数据超载和接收中断一起发生。数据超载和接收中断一起发生时,信息可能已经丢失。

②数据超载发生时,没有检测到接收中断。信息可能已经丢失,接收中断可能禁止。微处理器怎样对这些情况采取相应的动作由系统设计者决定。相应的处理也可在查控制报文接收中处理。

3)查询接收

CAN 查询接收一个报文流程如图 8.10 所示。CAN 控制器在这种接收类型下接收中断禁止。微处理器读 SJA1000 的状态寄存器,检查接收缓冲状态标志(RBS)是否收到一个报文。这些标志的定义位于控制段的寄存器。接收缓冲器状态标志表示“空”,也就是没有收到报文。微处理器继续当前的任务直到收到检查接收缓冲器状态的新请求。

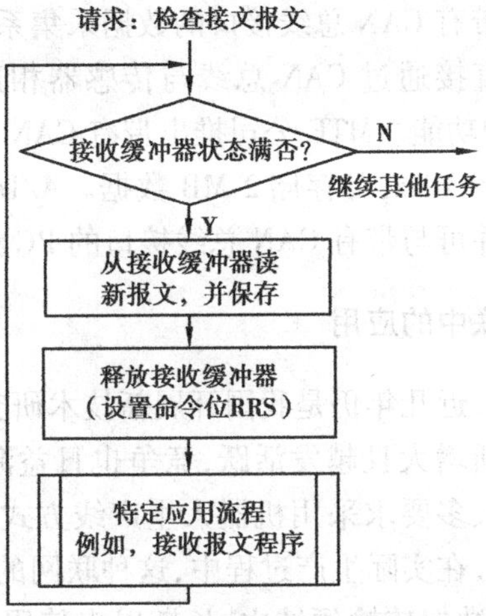

图 8.10　CAN 查询接收一个报文流程

若接收缓冲器状态标志表示“满”,则收到一个或多个报文;微处理器从 SJA1000 得到第一个报文,然后通过置位命令寄存器的相应位,发送一个释放接收缓冲器命令。微处理器在检查更多信息报文前可处理每个收到的报文,但也可通过再次查询接收缓冲器状态位检查更多的报文,并将在以后一起处理所有收到的报文。在这种情况下,微处理器的本地报文存储器必须足够大,可存储多于一条报文。在已发送和处理一条或所有报文后,微处理器继续执行其他的任务。

8.2　CAN 总线技术在多个领域的应用综述

CAN 总线在组网和通信功能上的优点以及它的高性能价格比决定了它在许多领域有广泛的应用前景和发展潜力。这些应用的共同之处是:CAN 实际就是在现场起一个总线型拓扑的计算机局域网的作用。它的范围可以小到一台家用电器内部,大到一个工厂或如食堂系统。不管在什么场合,它担负的是任意节点之间的实时通信,但它具备结构简单、高速、抗干扰、可靠、低价位等优势。基于这些,相关领域的技术人员可开发出与 CAN 有关的应用技术。在这一节中,简单列举一下 CAN 应用中的几例报道,给读者一些设计上的启发。

8.2.1　在传感器技术及数据采集系统中的应用

测控系统中离不开传感器,由于各类传感器的工作原理不同,其最终输出的电量形式也各不相同,为了便于系统连接,通常要将传感器的输出变成标准电压或电流信号。即便是这样,在与计算机相连时,还必须增加 A/D 环节。如果传感器能以数字量形式输出,就可方便地与计算机直接相连,从而简化了系统结构,提高了精度。将这种传感器与计算机相连的总线可称为传感器总线。实际上,传感器总线仍属于现场总线,关键的问题在于如何将总线接口与传感器一体化。

据了解,传感器制造商对 CAN 总线产生了极大兴趣。MTS 公司展示了其第一代带有 CAN 总线接口的磁致伸缩长度测量传感器,该传感器被用于以 CAN 总线为基础的控制系统中。此外，一些厂商还提供了带有 CAN 总线接口的数据采集系统。RD 电子公司提供了一种数据采集系统 CAN-MDE，可直接通过 CAN 总线与传感器相连，系统可由汽车内部的电源（6～24 V）供电，并有掉电保护功能。MTE 公司推出带有 CAN 总线接口的四通道数据采集系统 CCC4，每通道采样频率为 16 MHz，可存储 2 MB 数据。A/D 转换为 14 位，通过 CAN 总线可将采样通道扩展到 256 个，并可与带有 CAN 总线接口的 PC 机进行数据交换。

8.2.2 在机器人网络互联中的应用

制造车间底层设备自动化，近几年仍是我国开展新技术研究和新技术应用工程及产品开发的主要领域，其市场需求不断增大且越发活跃，竞争也日益激烈。伴随着工业机器人的产业化，目前机器人系统的应用大多要求采用机器人生产线方式，这就要求多台机器人能通过网络进行互联。随之而来的是，在实际生产过程中，这种联网的多机器人系统的调度、维护工作也变得尤为重要。在计算机数据传输领域中，长期以来使用 RS-232 和 CCITTV，24 通信标准，尽管它们被广泛地使用，但却是一种低数据速率和点对点的数据传输标准，无能力支持更高层次的计算机之间的功能操作。与一般总线相比，CAN 总线的数据通信具有突出的可靠性、实时性和灵活性，是适用于生产制造过程和驱动系统的总线协议。

制造车间底层电器装置联网是近几年技术发展的重点。其电器装置包括有运动控制器（调速、定位、随动等）、基于微处理器的传感器、专用设备控制器（如点焊机、弧焊机）等底层设备；在这些装置所构成的网络上另有车间级管理机、监控机或生产单元控制器等非底层装置。结合实际情况和要求，将机器人控制器视为运动控制器（理解为底层设备），具体工作基于如图 8.11 所示的模型。

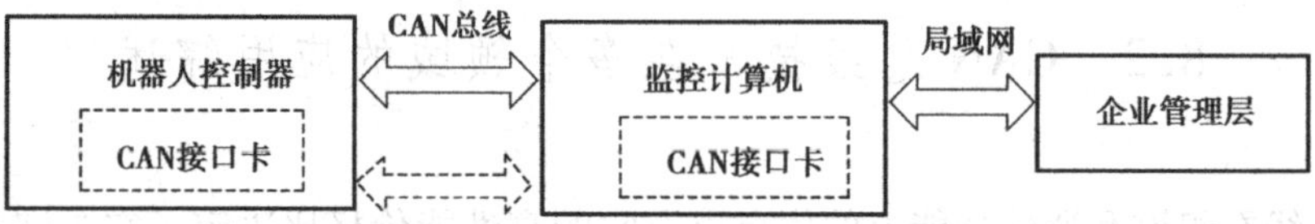

图 8.11　基于 CAN 总线的联网系统结构图

把 CAN 总线技术充分应用于现有的控制器当中，将可开发出高性能的多机器人生产线系统。利用现有的控制技术，结合控制局域网（CAN）技术和通信技术，通过对现有的机器人控制器进行硬件改进和软件开发，并相应地开发出上位机监控软件，从而实现多台机器人的网络互联。最终实现基于 CAN 网络的机器人生产线集成系统。这样做有以下优点：

①实现单根电缆串接全部设备，节省安装维护开销。

②提高实时性，信息可共享；提高多控制器系统的监测、诊断和控制性能。

③通过离线的任务调度，作业的下载以及错误监控等技术，把一部分人从机器人工作的现场彻底脱离出来。

8.2.3 大型仪器设备

大型仪器设备是一种按照一定步骤对多种信息进行采集、处理、控制、输出等操作的复杂系统。过去，这类仪器设备的电子系统往往在结构和成本方面占据相当大的部分，而且可靠性不高。采用 CAN 总线技术后，在这方面有了明显改观。

以医疗器械为例，CT 断层扫描仪是现代医学上用于疾病诊断的有效工具。在 CT 中有各种复杂的功能单元。如X光发生器、X光接收器、扫描控制单元、旋转控制单元、水平垂直运动控制单元、操作台及显示器以及中央计算机等,这些功能单元之间需要进行大量的数据交换。为保证CT可靠工作,对数据通信有以下要求:

①功能块之间可随意进行数据交换,这要求通信网具有多种性质。

②通信应能以广播方式进行,以便发布同步命令或故障告警。

③简单、经济的硬件接口,通信线应尽量少,并能通过滑环进行信号传输。

④抗干扰能力强,因X射线管可在瞬间发出高能量,产生很强的干扰信号。

⑤可靠性高,能自动进行故障识别并自动恢复。

以上这些要求在长时间内未能很好地解决,直至CAN总线技术出现才提供了一个较好的解决方法。目前,Siemens公司生产的CT断层扫描仪已采用了CAN总线,改善了该设备的性能。

8.2.4 在工业控制中的应用

在广泛的工业领域,CAN总线可作为现场设备级的通信总线,并且与其他的总线相比,具有很高的可靠性和性能价格比。这将是CAN技术开发应用的一个主要方向。

例如,瑞士一家公司开发的轴控制系统ACS-E就带有CAN接口。该系统可作为工业控制网络中的一个从站,用于控制机床、机器人等。一方面通过CAN总线与上位机通信,另一方面可通过CAN总线对数字式伺服电机进行控制。通过CAN总线最多可连接6台数字式伺服电机。

在以往的国内测控领域,大都采用BITBUS或RS-485作为通信总线,但存在许多不足。而采用CAN总线作为通信总线,CAN网络上任何一节点均可作为主节点主动地与其他节点交换数据,解决了BITBUS中一直困扰人们的从节点无法主动地与其他节点交换数据的问题,给用户的系统设计带来了极大的灵活性,并可大大提高系统的性能。CAN网络节点的信息帧可分出优先级,这对有实时要求的用户提供了方便,这也是BITBUS无法比拟的,CAN的物理层及链路层采用独特的设计技术,使其在抗干扰、错误检测能力等方面的性能均超过BITBUS。CAN的上述特点使其成为诸多工业测控领域中优先选择的现场总线之一。

8.2.5 现场总线适配器在冷库计算机分布式控制系统中的应用

如图8.12所示,在某冷库计算机分布式控制系统就采用了现场总线适配器。在研制DCS系统的过程中,充分地利用现场网络终端控制设备在不同控制对象中的性能和成本优势,较好地解决了将不同终端网络控制设备连成一个控制系统的难题,使冷库的整个DCS控制系统自动化控制和管理达到了较先进的水平。

随着计算机在工业控制的广泛应用,控制局域网络也深入应用到各行各业之中。现行的诸多控制系统,若采用单机控制方式已越来越难以满足设备控制的要求。实际生产的巨大需求促进了局部总线的发展,同时也导致多种现场通信网络共存,较为流行的主要有RS-232,RS-422/485,HART,ProfieldBus,CAN,Lonworks,FF,以及未来极有发展潜力的Cebus。目前,我国的实际情况是RS-232,RS-422,RS-485应用最为普及,CAN网的发展速度最快,而其他优秀的网络如FF,Lonworks在国内普及尚需时日。现在国内外大部分的网络终端控制设备带有RS-232,RS-422,RS-485或CAN接口,为了便于利用这些控制设备进行系统集成,设计一个现

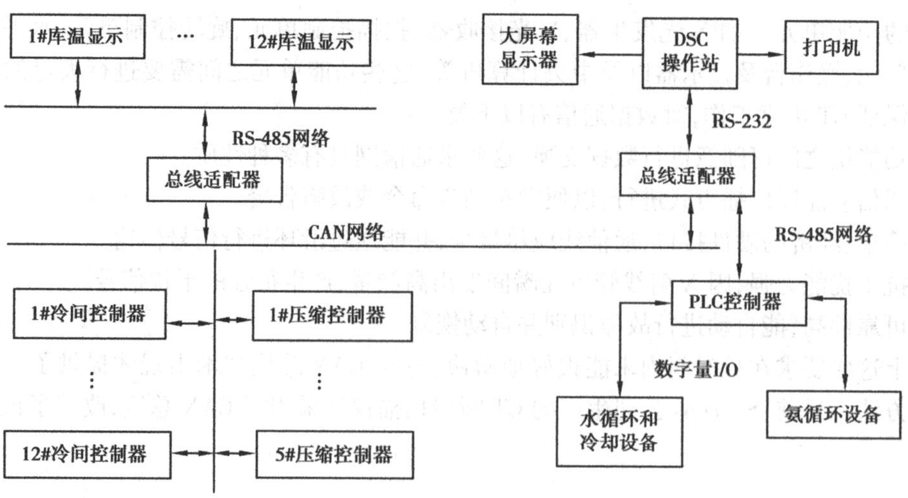

图 8.12　冷库 DCS 系统的网络结构图

场总线适配器将十分必要。设计的现场总线适配器包括 3 个通信网络接口,分别是 RS-232、RS-422/485 和 CAN 接口,能够完成以下功能:

1)RS- 232 到 RS-422/485 之间的通信适配

带有 RS-232 接口的主机或从机,可通过现场总线适配器的 RS-422/485 接口接入由其构成的局部控制网络,实现 RS-422/485 网络数据和命令的传输。

2)RS-232 到 CAN 网之间的通信适配

带有 RS-232 接口的主机从机,可通过现场总线适配器的 CAN 接口连入 CAN 网,实现基于 CAN 网的网络数据和命令的传输。

3)RS-422/485 到 CAN 网之间的通信适配

该通信适配器能将一个系统中的 RS-422/485 网络和 CAN 网实现相互联接,这样当源地址在 RS-422/485 网络而目标地址在 CAN 网时,或当源地址在 CAN 网络而目标地址在 RS-422/485 网时,通信适配器可完成两个网络之间的数据和命令的传输。由此,解决了系统集成过程中不同网络终端设备的互联问题,使系统设计具有更宽的选择范围,从而达到更先进的水平。

实践证明:采用该现场总线适配器,能较好地解决不同现场总线之间相互联接的问题,而且随着 RS- 422/485 和 CAN 总线的进一步发展,基于这些网络接口的现场终端设备将更趋多样化,现在以至将来在系统集成中必不可少地要使用现场总线适配器。因此,此类现场总线适配器,包括将来兼容 FF,Lonworks,Cebus 的总线适配器,将具有广泛的应用前景。

8.2.6　在智能居室和生活小区管理中的应用

根据国外资料报道,CAN 已应用在家用电器和智能大厦中。也有资料提到在智能化居室和生活小区中运用 CAN 技术作为安防系统、抄表系统、家电控制等系统最底层的信息传输的接口和通道。其根据也是 CAN 的通信功能非常适应各类现场环境。它投资少,每个节点可随机访问,通信速度完全满足要求,且在这类应用中要交换的数据量都很少。因此,虽然目前互联网已在普及,但在现场与具体设备直接通信和控制的这个层面上还是使用现场总线合适。这一点从上述的其他应用示例中也可以看出。在这一层的上面可通过适当的网关(如

CAN 与 TCP/IP 协议)的转换,使一个居室或一栋大楼的现场 CAN 信息转变为 Internet 形式外传,或反过来通过这类网关把外部网传送来的信息转换为 CAN 的形式。这样,不管是安防报警的信号还是“三表”的数据等都可有效地传送出去,而人们通过电话网或 Internet 发出的控制信息也能及时到达指定的节点,实现所谓的远程控制。

本章小结

本章主要介绍了 CAN 总线的智能节点的硬件电路设计、CAN 总线的智能节点的软件设计、CAN 总线技术在多个领域的应用。读者应掌握以下知识点:

1)CAN 总线的智能节点硬件电路的设计

主要包括 SJA1000 的数据线、地址线、控制总线、复位引脚、中断输出端以及片选信号与微处理器之间连接设计方法。连接方法不同,决定了 SJA1000 的寄存器绝对地址不同。复位方式和中断处理也不同。

2)CAN 通信软件设计

主要包括 CAN 初始化程序设计、CAN 发送程序设计和 CAN 中断接收程序设计。

思考题

1. 画出传感器、微处理器、SJA1000 和 CA82C250 组成的 CAN 节点框图。
2. 描述 BasicCAN 模式里验收滤波器的功能。
3. 试设计 SJA1000 的初始化流程图,并设计相应的程序。
4. 试设计 CAN 查询发送的流程图和相应程序。

参考文献

[1] 来清民. 手把手教你学 CAN 总线[M]. 北京:北京航空航天大学出版社,2010.
[2] 饶运涛,邹继军,郑勇芸. 现场总线 CAN 原理与应用技术[M]. 北京:北京航空航天大学出版社,2003.
[3] 王先培. 测控总线与仪器通信技术[M]. 北京:机械工业出版社,2007.
[4] 夏继强,邢春香. 现场总线工业控制网络技术[M]. 北京:北京航空航天大学出版社,2005.
[5] 杜尚丰,曹晓钟,徐津,等. CAN 总线测控技术及其应用[M]. 北京:电子工业出版社,2007.
[6] 王黎明,夏立,邵英,等. CAN 现场总线系统的设计与应用[M]. 北京:电子工业出版社,2008.
[7] 杨志义,田峰,吴晓. CAN 报文验收滤波原理及实现[J]. 计算机测量与控制,2009,17(5):4.
[8] 蒋建文,林勇,韩江洪. CAN 总线通信协议的分析和实现[J]. 计算机工程,2002,28(2):3.